西咸新区沣西新城海绵城市建设实践与思考

刘宇斌◎主 编

中国建筑工业出版社

图书在版编目（CIP）数据

西咸新区沣西新城海绵城市建设实践与思考/刘宇斌主编.—北京：中国建筑工业出版社，2021.11
ISBN 978-7-112-26694-4

Ⅰ.①西… Ⅱ.①刘… Ⅲ.①城市建设－研究－陕西 Ⅳ.①TU985.241

中国版本图书馆CIP数据核字（2021）第209025号

为系统总结沣西新城海绵城市建设试点工作，为国家海绵城市建设工作贡献"沣西经验"，在住房和城乡建设部城市建设司、中国建筑工业出版社的指导和支持下，沣西新城编撰了《西咸新区沣西新城海绵城市建设实践与思考》一书。本书系统介绍了西咸新区沣西新城海绵城市试点建设背景、建设目标、系统方案、创新实践等，全面展示了沣西新城海绵城市建设探索与成效，并结合西北地区及城市新区实际，对海绵城市建设进行了深度思考与总结。

责任编辑：杜　川
责任校对：党　蕾

西咸新区沣西新城海绵城市建设实践与思考
刘宇斌　主编

*

中国建筑工业出版社出版、发行（北京海淀三里河路9号）
各地新华书店、建筑书店经销
北京锋尚制版有限公司制版
天津图文方嘉印刷有限公司印刷

*

开本：787毫米×1092毫米　1/16　印张：17　字数：383千字
2022年1月第一版　　2022年1月第一次印刷
定价：180.00元
ISBN 978-7-112-26694-4
（38538）

版权所有　翻印必究
如有印装质量问题，可寄本社图书出版中心退换
（邮政编码　100037）

本书编委会

主　　　编：刘宇斌
副　主　编：甘　旭
编委会成员：万　宁　杨建柱　姜勤发　邓朝显　梁行行
编写组成员：马　越　姬国强　王　芳　谢碧霞　张　哲
　　　　　　石战航　袁　萌　胡艺泓　马　笑　闫　咪
　　　　　　刘　昭　王江丞

序 / Preface

近年来，城市涉水问题不断困扰着我国城市建设发展，洪涝灾害频发、水资源短缺、水生态恶化等城市病大大降低了城市环境质量和人民生活质量，使城市发展丧失活力。

海绵城市理念的提出和建设实践为城市涉水问题提供了综合解决方案，也为城市的转型发展提供了崭新的路径。如今，海绵城市已成为城市生态文明建设的重要抓手，提升城市建设品质的重要途径，改善人居环境的重要措施。

西咸新区沣西新城作为国家首批西北首个海绵城市建设试点区，立足于城市新区开发时序现状，以问题和目标为导向，开展了一系列卓有成效的探索与实践，积累了宝贵的建设经验，可为其他城市新区海绵城市建设提供重要借鉴和参考。

一是创新的发展理念。沣西新城在创建之时，引入低影响开发建设理念，创新地域性雨水管理实践，从解决城市水问题出发，做了大量的基础研究工作，开展了富有成效的探索，这为后期开展海绵城市建设打下了良好基础，避免了走弯路、走回头路的情况，保证了海绵城市建设的科学有序开展。

二是前瞻的城市规划。建城之初，沣西新城结合关中地区与黄河流域现状，充分发挥自然本底优势，将构建城市生态本底、用生态溶解城市作为城市规划重点，着力构建河流景观带、中心绿廊、中央公园、社区公园、街头绿地、城市林带等多层次生态开放空间。开展了多项雨水综合管理相关规划研究与编制工作，为海绵城市建设提供了良好的规划基础。

三是高效的组织架构。沣西新城高度重视海绵城市建设工作，新城管委会主任亲自担任建设领导小组组长，组织协调、落实任务。同时，在组织机构设计上进行了创新，建立了开发区管委会与城市开发集团双向直属的组织架构，打破了部门壁垒，解决行政管理分割，使得试点工作得到了高效推进。

四是专业的管服团队。海绵城市技术中心的成立是沣西新城开展试点建设的一个亮点，充分体现了专业人才干专业事的科学性，也推动了新城政府由单一管理职能向复合供给服务型政府职能的转变。在试点建设过程中，海绵城市技术中心的多角色身份，既管理，又服务，不仅保证了新城海绵城市建设的系统科学推进，也提高了政府行政效能。

五是系统的研究模式。沣西新城充分利用当地优质科教资源，围绕西北半干旱地区雨水综合利用、湿陷性黄土湿载变形、植物景观配置等实际问题，开展了海绵城市系列课题研究，并在多个领域进行研究成果产业化探索，为海绵城市建设提供强大的科学支撑。

人民城市人民建，人民城市为人民。沣西新城海绵城市试点建设以来，成效显著。城市内涝问题得到有效解决，城市水生态水环境品质大幅提升，城市承载力明显增强，人居环境显著改善，天蓝水绿，充满活力，真正使沣西新城成为老百姓宜业宜居的美好家园。

《西咸新区沣西新城海绵城市建设实践与思考》一书系统总结了沣西新城海绵城市试点建设实践与创新经验，同时在书中融入了对海绵城市建设工作的深入思考，是一部对海绵城市建设具有启发和引领作用的佳作，是为序！

中国科学院院士，武汉大学教授

2021年12月30日

前 言 / Foreword

2015年4月，西咸新区成功获批为全国首批16个海绵城市试点建设城市之一，试点区域位于其五大组团之一，沣西新城。试点三年来，沣西新城深入贯彻习近平生态文明思想，坚持生态优先、绿色发展，将海绵城市建设作为创新城市发展方式，探索新型城镇化范式的着力点与突破口，积极创新、全域推进。新城针对西北地区干旱少雨、季节性降雨集中、生态敏感、资源型与水质型缺水并存、湿陷性黄土及新区城市开发程度低等实际问题，高水平规划引领项目建设，科学研究支撑技术革新，创新体制精细化建管，建成了一批高品质精品工程，全方位提升了区域功能品质，努力打造国家海绵城市建设典范，初步形成一条"规划引领统筹、科学创新驱动、蓝绿融合带动、社会资源联动、新区全域推广"的海绵城市建设新路径。

当前，沣西新城海绵城市效益正逐步彰显，水的自然迁徙为沣渭交汇的新城增添了几多灵动。城市积水内涝现象基本消除，雨水资源有效利用，城市承载力显著增强，区域生态质量与人居环境质量不断提升，百姓有了更多的安全感、获得感。海绵城市建设带来的生态效益、社会效益与经济效益，也为西咸新区创新城市发展方式带来强劲助力。2015年以来，沣西新城海绵城市荣登法国巴黎气候大会，相继获批为气候适应型试点城市、第三批国家新型城镇化标准化试点、联合国教科文组织生态水文示范点等。同时，沣西新城海绵城市建设经验与成效也得到了新华社、瞭望、人民日报、中央电视台、参考消息、中国建设报等中央媒体的广泛关注。

为系统总结三年来沣西新城海绵城市建设试点工作，为国家海绵城市建设工作贡献"沣西经验"，在住房和城乡建设部城市建设司、中国建筑工业出版社的指导和支持下，沣西新城编撰了《西咸新区沣西新城海绵城市建设实践与思考》一书。本书系统介绍了西咸新区沣西新城海绵城市试点建设背景、建设目标、系统方案、创新实践等，全面展示了沣西新城海绵城市建设探索与成效，并结合西北地区及城市新区实际，对海绵城市建设进行了深度思考与总结。

值此书出版之际，我们谨向关心和参与西咸新区沣西新城海绵城市建设工作的各位专家、领导、团队表示诚挚的感谢！同时感谢住房和城乡建设部城市建设司、陕西省住建厅对沣西新城长期以来的指导与关注，感谢中国工程院夏军院士为本书提笔作序。

海绵城市建设是攻坚战，也是持久战。西咸新区沣西新城将信守"建设海绵城市、倡导生态文明、助力美丽中国"的奋斗初心，不动摇、不懈怠，全面推广海绵城市建设，为共筑美丽中国梦而奋斗。

目 录 / Contents

序
前言

第1章　海绵城市建设之初心　　001
1.1　八百里秦川崛起的一座新城　　001
1.2　西咸新区发展面临的水之"殇"　　003
1.3　海绵理念引领城市发展　　006
1.4　海绵城市建设试点区——沣西新城　　007

第2章　沣西新城全域海绵城市建设体系　　019
2.1　城市基础条件与本底分析　　019
2.2　城市现状问题　　032
2.3　海绵城市建设目标和建设思路　　040
2.4　系统实施方案　　044
2.5　试点区域建设　　068

第3章　沣西新城海绵城市建设推进策略　　071
3.1　先行先试，两位一体，构建务实高效的组织保障体系　　071
3.2　协同创新，系统研究，构建一套科学适用的技术保障体系　　084
3.3　创新融资，规范监管，走绿色金融之路　　095
3.4　优化整合，升级完善，构建一个特色鲜明的智慧平台　　097
3.5　互动推进，共建共享，构建一条全民参与的建设路径　　105

第4章 典型工程案例 　　　　　　　　　　　　　　　　113

4.1 区域性案例——中国西部科技创新港 　　　114
4.2 秦皇大道排涝除险改造 　　　　　　　　141
4.3 数据六路——全国首条应用于机动车道的全透水柔性结构沥青路面研究示范 　　　164
4.4 康定和园海绵城市建设项目 　　　　　　183
4.5 陕西国际商贸学院海绵化改造案例 　　　203
4.6 中央雨洪调蓄枢纽——中心绿廊 　　　　217

第5章 沣西新城海绵城市试点建设成效 　　　228

5.1 优化了城市生态格局 　　　　　　　　　229
5.2 改善了城市人水关系 　　　　　　　　　230
5.3 提升了城市人居环境质量 　　　　　　　242
5.4 推动了海绵产业培育转化 　　　　　　　246

第6章 沣西新城海绵城市建设的思考与启示 　　247

6.1 超前谋划，科学设计，彰显城市新区海绵城市建设特色 　　247
6.2 充分调研，因地制宜，构建西北平原地区海绵城市建设路径 　　249
6.3 创新机制，系统推进，确保海绵城市建设工作高效落地 　　252
6.4 生态立本，绿色创新，推动城市发展方式转变 　　254

后记 　　　　　　　　　　　　　　　　　　257

附录　相关技术规范 　　　　　　　　　　　259

第1章 海绵城市建设之初心

《周礼·考工记》曰："匠人营国，方九里，旁三门；国中九经九纬，经涂九轨；左组右社，面朝后市，市朝一夫。"九宫格局、棋盘路网、里坊肌理……中国城市的经典格局，肇始于3100多年前沣河河畔的周王朝都城丰镐二京，曾引领世界城市发展潮流。千年水千年城，古老的河畔焕发新的生姿，八百里秦川沃土上西咸新区这座现代新型城市悄然崛起。

西咸新区是国家创新城市发展方式的综合试验区，2014年国务院批复西咸新区为国家级新区时，就赋予了新区创新城市发展方式、打造中国特色新型城镇化范例的历史使命。2015年习近平总书记到陕西省视察时强调："要发挥西咸新区作为国家创新城市发展方式试验区的综合功能"。近年来，西咸新区紧盯开放、创新、协调发展，聚焦生态、宜居、营商环境，进一步提升吸引人、留住人、发展人的承载能力，积极探索创新城市发展方式的西咸路径。

1.1 八百里秦川崛起的一座新城

八百里秦川中关中平原，自古便是适宜人类生存繁衍的一方胜地，素有"陕西白菜心"的美誉。位于陕西省西安市和咸阳市建成区之间的西咸新区，便处于关中平原的核心区域。自古以来，这里"田肥美、民殷富、战车万乘"，史称"金城千里，天府之国"和"四塞之国"。

西咸新区规划面积882km^2，由空港新城、沣东新城、秦汉新城、沣西新城、泾河新城5个组团组成，管辖23个乡镇和街道办事处，常住人口90万（图1-1）。地理位置优越，处于关中城市群核心区，交通便利，是全国唯一的航空、铁路、高速路均呈"米"字形分布的中心枢纽节点。自然禀赋良好，北依九嵕、嵯峨二山，南望秦岭，境内一马平川，坦荡如砥，分布着渭河、泾河、沣河、涝河、镐河、沙河、新河等众多河流，拥有丰富的地下水和地热资源（图1-2）。历史人文遗迹众多，西周丰、镐二京遗址，秦咸阳宫、阿房宫、雍王章邯都城废丘、西汉昆明池、建章宫遗址、唐上官婉儿墓等周、秦、汉、唐历史遗址散布其中（图1-3）。

2002年8月，陕西省委首次提出"西咸一体化"建设构想，西安、咸阳两市签订《西咸经济

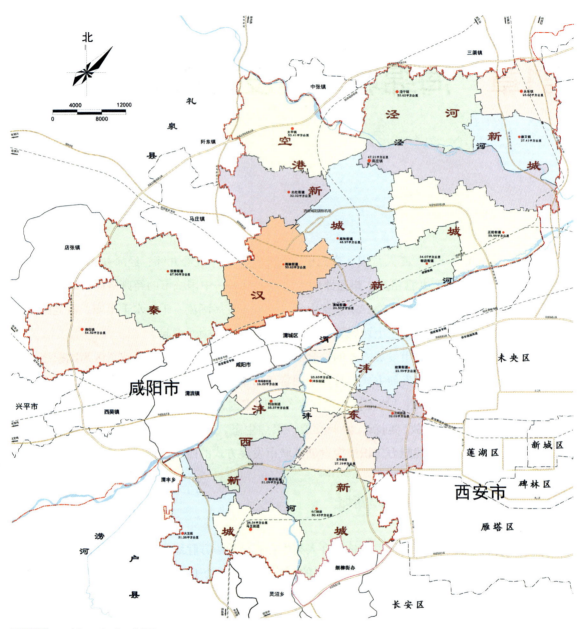

图1-1 西咸新区行政区划图

一体化协议书》。

2009年6月,国务院先后颁布《关中—天水经济区发展规划》和《全国主体功能区规划》,明确提出加快推进西咸一体化建设,着力打造西安国际化大都市。

2011年5~6月,陕西省政府召开规划会议,提出西咸新区划定"五大新城一河两带四轴",设立西咸新区开发建设管理委员会,将西咸新区开发建设体制调整为"省市共建,开发建设以省

图1-2 西咸新区水系规划图

图1-3 西咸新区历史遗迹分布图

为主"管理体制,正式发布《西咸新区总体规划(2010—2020年)》,新区建设正式迈入大开发、大建设、大发展的新阶段。

2014年1月,国务院批复设立陕西西咸新区。作为以"创新城市发展方式"为主题的新区,国务院赋予西咸新区"建设丝绸之路经济带重要支点、我国向西开放的重要枢纽、西部大开发的新引擎和中国特色新型城镇化的范例"的重大使命,标志着西咸新区进入了新的发展阶段,迎来了新的发展机遇。

周虽旧邦,其命维新。西咸使命,首在创新。西咸新区以创新城市发展方式为统揽,作为国家中心城市大西安建设的重要组成部分,通过创新城市发展理念、创新城市发展形态、创新城市产业形态、创新城市组合功能、创新城市要素集成方式、创新城市管理模式、创新城市历史文化保护方式,全面诠释城市与生态、城市与产业、城市与民生、城市与自然新的相处方式。如今,在八百里秦川,一座具有先进发展理念、科学合理布局、宜居宜业宜游的现代新城已然呈现在人们面前。

1.2 西咸新区发展面临的水之"殇"

近年来,随着城市化进程的加快,传统粗放式的城市发展带来的城市病问题越来越严重。处于西安、咸阳两市之间城乡接合区域的西咸新区在发展过程中也时刻面临着同城化效应的影响及土地资源要素低效利用、城市低品质建设、产业低层次雷同、生态环境持续恶化等问题。其中,城市"水"问题尤为突出，包括城市内涝、地下水超采、河流水系污染等一系列水安全、水生态问题。长久以来，由引水、蓄水、排水引发的突出矛盾，直接制约着西咸新区未来的发展。随着新区建设步伐加快，城镇化水平提高，城市的涉水问题将极大制约新区的可持续发展。

1.2.1 水资源短缺，地下水超采

西咸新区人均、耕地亩均占有水资源量分别为225m³、169m³，分别为陕西省平均水平的20%、17%，仅为全国平均水平的10%、11%，属于严重资源型缺水地区（图1-4）。同时，大气降水补给年际变化大，年内分配不均，7~9月约占全年的60%以上。随着西咸新区的快速发展，人口大幅增加、城市化水平的不断提升和社会发展的驱动，水资源的需求也在快速增长。

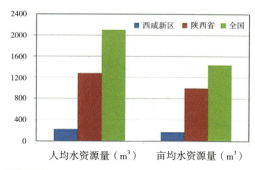

图1-4 西咸新区水资源量对比图

境内河流多位于下游段，受地形高程条件限制，不具备修建调蓄工程的条件，缺水明显。渭河、沣河等主要河流受到不同程度的污染，均无法作为城市水源。区内地下水含水层薄，富水性差，单井出水量较少，总硬度和溶解性总固体超标，属于微咸水，处理成本较高。由于长期开采，地下水位逐年下降，单井出水量逐渐减少，部分区域出现地陷、沉降、地表水萎缩等现象。

1.2.2 夏季降雨集中，洪涝风险高

西咸新区多年平均降水量为520mm，7~10月降雨量占全年降雨量的55.3%以上，冬季11~2月（次年）仅占全年降雨量的5%~8%，且夏季降水多以暴雨形式出现，易造成洪、涝和水土流失等自然灾害。加之，新区开发影响，管网系统不完善，下游雨水管道不通。海绵城市建设前，西咸新区发生大规模强降雨时，世纪大道、建章路及秦皇立交等地区几乎每年都会发生内涝灾害，周边居民饱受内涝之苦（图1-5）。

1.2.3 河流受污染，水生态系统退化

新区建设属于起步阶段，当前城市污水收集系统不完善，污水干管系统没有完全形成，部分已建成的污水管道排放能力无法满足现状需求，且存在部分合流管道，无管网覆盖地区，污水多以漫流形式就近排入农田、渗渠或水体，严重污染河流。境内渭河、泾河、沣河等主要河流均受到不同程度的污染，水质为Ⅳ—劣Ⅴ类，部分河段水体污染严重，沿岸生活污水成为水体的主要污染源；此外，受城市过度开发及河道垃圾、盗沙等人为活动影响，部分河流生态退化，特别是流经城区段常以"三面光"形式整治，河岸渠化，生态系统被割裂。太平河、新河等污染严重，沙河干涸断流（图1-6）。

图1-5 新区部分路段的严重积水或内涝现象

图1-6 西咸新区部分水环境污染实景

"不谋全局者,不足谋一域"。西咸新区处于西安和咸阳之间的一片城乡接合部,城市要发展,必然要面对日益激化的人水矛盾与传统"大城市病"的困扰,传统的"摊大饼"开发建设模式显然与国家赋予新区创新城市发展的主题相背离,创新是唯一出路。西咸新区要规避千城一面的同质化发展问题,就必须探索一条城市规模与资源环境承载能力相适应的可持续发展路径,一条绿色的、节约紧凑的、生态自然与都市速度和谐共生的、守护历史文化底蕴的中国特色城市发展之路,为我国未来城市发展提供一个"新区样本"。

1.3 海绵理念引领城市发展

党的十九大报告中强调"人与自然是生命共同体,人类必须尊重自然、顺应自然、保护自然"。生态兴,则文明兴。在践行新时代生态文明建设的进程中,坚持以生态文明理念指导城市可持续发展,以生态建设引领新型城镇化建设,是顺应人与自然和谐共生的客观规律、符合新时代发展要求的积极尝试。2013年12月,习近平总书记在中央城镇化工作会议上提出"在提升城市排水系统时要优先考虑把有限的雨水留下来,优先考虑利用自然力量排水,建设自然积存、自然渗透、自然净化的海绵城市"。海绵城市的提出和建设实践为城市涉水问题提供了综合解决方案,也为城市的转型发展提供了崭新路径。如今,海绵城市已成为城市生态文明建设的重要抓手,提升城市建设品质的重要途径,改善人居环境的重要措施,为中国新型城镇化建设指明了新的发展方向。

西咸新区在2011年规划之初,从西北地区雨水资源化利用出发,以解决城市雨水问题为目标,以沣西新城组团为试点,引入低影响开发理念,开展"地域性雨水管理"实践工作,着力探索城市发展过程中涉水问题的全新解决方案。2014年12月,财政部、住房和城乡建设部、水利部在全国范围内启动中央财政支持海绵城市建设试点工作。西咸新区在认真学习领会中央城镇化工作会议精神时,深刻认识到新区前期的"地域性雨水管理"实践与海绵城市建设理念高度契合。西咸新区、沣西新城两级管委会紧抓机遇,积极开展试点申报工作,争取试点机会。在财政部、住房和城乡建设部、水利部,陕西省委、省政府的关心和支持下,西咸新区于2015年4月成功入围全国首批16个海绵城市建设试点。

西咸新区以海绵城市试点建设为契机,进一步优化城市顶层设计,积极开展试点建设工作,一方面以问题为导向,首先解决当前新区面临的涉水问题,全力实施城市基础设施体系,打造各级雨洪调蓄枢纽,着力构建蓝绿交织、清新明亮、水城共融的生态新区;另一方面以目标为导向,统筹新区、新城各级规划,以未来发展可能会引发的城市病问题为防控重点。"治已病,防未病",建设"一张蓝图",通过系统化的城市雨洪管理,实现流域水系统的良性循环,为百姓打造一个健康和谐、有温度、可持续的美好家园。

1.3.1 优化城市形态,助力产城融合

倡导生态文明,以海绵城市理念为统领,通过科学、合理的承载力研究,进一步优化城市空间格局,建设集约生态型城市,保障城市非建设用地面积不低于45%,人均建设用地面积控制在100m²,实现城市密度与自然和社会环境特征相协调,城市格局、形态的优化布局,实现人与城市、人与自然、城市与产业的协调发展。

1.3.2 重塑蓝绿空间,唤醒生态价值

打造宜人的城市空间,做好"增绿"加法与生态保护红线管控"减法",唤醒重塑自然空间

的新理念，共铸人与自然生态相互融合的新家园。以城市水源保护区、水源涵养区、湿地、历史遗址等为主要生态源，以渭河及沣河2条水系廊道、外围郊野公园、生态防护绿地围合构架宏观自然生态框架，形成"蓝、绿带绕城"；由新河及沙河2条城内水体、中心绿廊、道路防护绿带、滨水绿化景观、人工带状绿地公园、社区公园相互交织形成中观绿色网络体系，形成"蓝、绿网交织"。通过构建蓝绿交织、清新明亮、水城共融的生态城市，不断吸引各类资本的投资进入，推动新城产业结构由农业一元化向三产多元化转变，成为盘活整个城市区域价值的强大发展引擎。

1.3.3 改善城市水环境，保障城市水资源

基于"源头减排、过程控制、系统治理、循环利用"的海绵城市系统建设思路，以解决面临的问题和需求为基本出发点，围绕各项规划建设目标，结合区域城市化建设进度和条件，通过工程和非工程措施，着力构建"雨水+污水""治污+水资源平衡利用""水生态+水安全"的水系统工程，有效保障城市防洪安全（不低于50年一遇）、提升内涝防治标准（不低于30年一遇），改善新区整体水环境（水体水质不低于Ⅳ类水质标准）。推动城市水系连通工程，合理利用雨水、再生水、地表水，涵养地下水，有效提升城市水资源利用质量。

1.3.4 惠及民生福祉，建设人民城市

坚持以人民为中心的发展思路，牢固树立生态优先、绿色发展的导向，将以海绵城市建设解决城市系列涉水问题作为最大的民生工程来抓，持续打好蓝天、碧水、净土保卫战，推动城市功能日臻完善，人居环境不断提升，初步呈现出城乡统筹、城乡一体、产城互动、节约集约、生态宜居、和谐发展的城镇化基本特征，建设人民满意的城市。

1.4 海绵城市建设试点区——沣西新城

西咸新区的海绵城市建设实践是从沣西新城组团起步的，试点申报之初，沣西新城已经在"地域性雨水管理"实践的路上，蹒跚学步3年之久，在理论研究、学习调研、项目实践等方面做了大量的工作。此外，沣西新城位于西咸新区西南部，渭河、沣河两河交汇之地，新河、沙河贯穿其中，主城区地势平坦，地区发育微地貌有冲沟、洼地、坑塘等，属于典型的关中平原黄土地貌。城市建成区以传统城乡接合部与农村村落为主，是新区开发建设的典型代表，既有海绵城市核心涉水问题的典型性，如渭河、沣河沣西新城段河道常年失修、水质较差，新河污染严重，沙河断流，辖区基础设施建设不完善，积水点众多，渭河倒灌，内涝潜忧等问题，又有城市开发、百姓搬迁的民生诉求。综合考虑，最终选择沣西新城核心区22.5km²作为海绵城市试点区，涵盖住宅小区、市政道路、企业园区、公园绿地、学校、医院、水系治理等多种用地类型，既有政府

投资，又包含社会企业和PPP。区域试点建设基础良好、优势明显、代表性强。

沣西新城作为西咸新区五大组团之一，总规划面积143km²，规划建设用地64km²，功能定位为大西安战略性新兴产业基地和综合服务新中心，是推进西咸一体化、建设大西安新中心的核心区域（图1-7）。

沣西新城是西周丰京所在地，历史文脉悠长，西周时为全国的政治文化中心。周文王伐崇侯虎后自岐迁此，"丰"亦作"酆"，与镐京同为西周国都。《诗经·大雅·文王有声》："既伐于崇，作邑于丰。"武王虽迁于镐，而丰宫不改。

沣西新城自2011年组建之初，坚持"规划引领，规划立城"，高度重视城市设计对城市发展的先导作用，推动问题导向、实事求是、因地制宜的倒逼式创新，探索了一条以城市设计引领创新发展的路子。

图1-7 沣西新城规划图

1.4.1 多维综合设计，规划引领统筹

沣西新城将总体城市设计作为城市发展的手段之一，对城市空间进行整体引导控制，综合分析判断自然格局、生态本底条件等核心要素，明确城市形态、结构、形象及特色，控制城市尺度，指引城市规划的空间系统布局。在深入研究城市发展规律和沣西新城自然条件的基础上，新城开展城市多维度综合设计，从尊重人的需求、生态的需求出发，树立"集约、绿色、低碳、智慧"的发展目标，按照城市的量级、功能和需求，来谋划整个区域的发展，并着力处理好以下几方面关系：

一是以人文精神和人性尺度，处理人与城市的关系。城为人而生，因人而兴。对人的生活来说，城市比建筑更重要，为此，沣西新城提出了一个形象的"二遛二练"目标，即让年轻人可以"遛"娃，老人可以遛狗，又让年轻人可以练球，老人可以锻炼。延续古城西安的精华与智慧，大力实践小路密网、开放社区、围合建筑、TOD等先进理念，最大限度实现城市的经济性与便利性。

二是结合自然之美与人工之创，处理开放空间、城市界面和街道景观的关系。充分尊重自然、敬畏自然、顺应自然，利用自然地貌和水系，依山傍水，建设了宽200~500m、总长6.9km连续不断的城市绿廊，连接渭河、沣河，穿越沣西新城核心区的居住、商业、文化等片区，形成城市绿色通道，并以中心绿廊为核心，营造沣河及渭河景观带、中心绿廊和中央公园、城市绿环、社区公园和街头绿地多级景观体系，形成了开阔的开放空间、优美的城市界面和宜人的街道景观。

三是坚持生产、生态、生活"三生融合"，处理城市与产业的关系。建城容易兴城难，城市兴盛的根本还是在产业。沣西新城统筹考虑城市与产业、城市与生态、城市与人之间的互动关系，将生产、生态、生活各项功能内嵌于城市、集成于发展，打造"五分钟工作生活圈"，让城市与产业从一开始就相互支撑、齐头并进，坚持产城融合、产城一体。

四是注重"留白"，处理当下与长远的关系。一座城市的建设，绝不是毕其功于一役。新城的建设须摒弃大规模发展经济的冲动做法和"寅吃卯粮"的陋习，不片面追求空间扩张，而是超前谋划，没想清楚的先留着，想清楚了再大干，有意识地"留白"，功成不必在我，为城市未来发展预留弹性空间（图1-8）。

在此基础上，沣西新城相继开展多项低影响开发建设及雨水管理理念的规划研究，包括《陕西省西咸新区沣西新城雨水工程专项规划（修编）》《陕西省西咸新区沣西新城排水（雨水）防涝综合规划》《沣西新城低影响开发研究报告》《西咸新区沣西新城水系统综合规划》《沣西新城雨水净化利用技术研究及应用示范研究》等19项，在城市开发建设中全面落实低影响开发理念，充分发挥规划的引领和管控作用，这些都为新城海绵城市建设奠定了良好的基础。

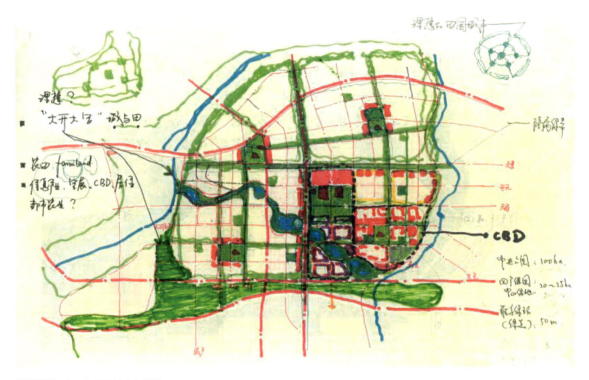

图1-8 沣西新城规划手绘图

1.4.2 山水林田湖草，精细造地营城

沣西新城坚持营城先理水的理念，践行并传承古人理水智慧，综合采用蓄、排、引等多种措施，打造多条滨水生态景观带，构建水岸交融、蓝绿交织的水生态空间，营造出绿色健康的生活环境。

一是构建内外渗透、多级网络的营城模式，形成"一心一廊两环多带多园"公共空间结构（图1-9）。一个中央绿心（1.1km×1.3km，148ha）、一条丝路绿廊（6.8km，180ha）、一条创新绿环（12.3km，117ha）、一条外围生态环（25.3km，474ha），以中央公园、创新绿环、外围生态环为核心，渗透城市每个角落，打造"廊、环、楔、园、带"绿地嵌套交错格局的公园城，实现150m见绿，200m见园，人均公园绿地约21m^2（图1-10）。

二是搭建小区、道路、公园、绿廊四级全域雨水综合利用体系（图1-11）。建筑与小区作为雨水分流与回用的重点，应收尽收，源头消纳，控制面源污染，雨水资源适度回用；市政道路作为雨水径流重要排泄通道，在保证道路结构安全的前提下，将红线范围内雨水导流至道路两侧下凹绿化隔离带，进行收集、过滤、渗透和净化，最大限度削减面源污染；街头绿地和城市公园通过优化竖向设计，依托自然地形为上游区域和周边地块提供集中净化滞蓄空间；中心绿廊依托自然地形构建下沉式空间，发挥城市雨洪调蓄枢纽作用。

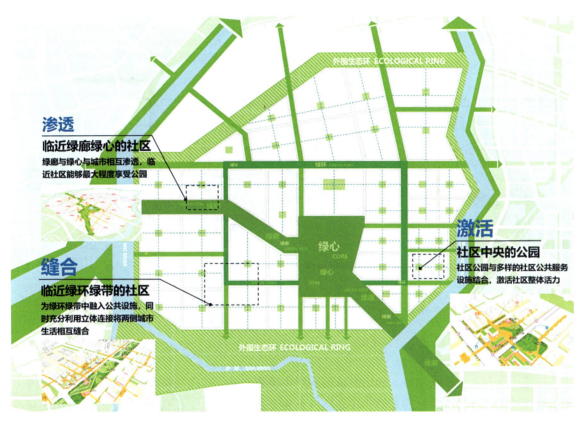

图1-9 "一心一廊两环多带多园"公共空间结构

图1-10 "廊、环、楔、园、带"绿地嵌套交错格局

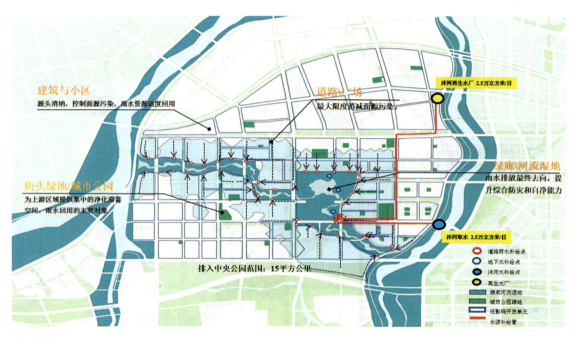

图1-11 沣西新城雨水收集利用四级体系框架

三是山水与文化脉络相容。利用流域的不同生境和文脉，打造独特的城市水空间，结合内河多水景点，形成区域内丰富的水网，让新城因水而灵动，山水与文化脉络相容，营造"山水林田湖草"多样景观（图1-12）。

图1-12 山水与文化脉络相容

1.4.3 低影响开发建设，地域性雨水管理

治秦者先治水。沣西新城区域内水系发达，水利万物而不争。新城在建城之始就从整体城市设计结合排水系统优化展开，力求做好西北城市雨水综合利用这篇水文章，思想较为朴素。在城市设计中引入国外低影响开发理念，从解决水的问题出发，率先提出"地域性雨水管理体系"，将城市设计成一个大型的水管理器，在理想状况下实现水资源的自给自足（图1-13）。

2012年，沣西新城决定大胆探索和研究，开始局部试点。先后与西安理工大学、西安市政研究院开展《西咸新区雨水净化与利用技术研究与应用》研究，通过对区域内同德佳苑雨水花园、生态滤沟进行详细设计、具体建设、水质水量监测、模型模拟、统计分析，得到土壤、降雨、水质、水量等基础数据，初步探明了雨水花园、生态滤沟对城市雨水径流水量水质的调控效果、设计参数和运行参数，为低影响开发设计提供了必要的技术支撑和保证。在此基础上，沣西新城制定出台了《西咸新区生态滤沟系统设计指南（试行）》和《西咸新区雨水花园

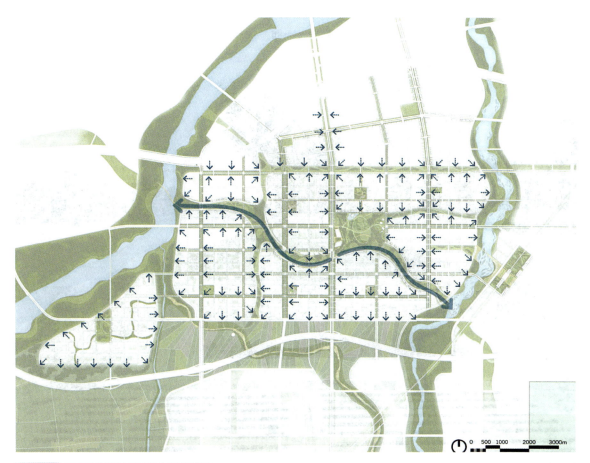

图1-13 沣西新城地域性雨水管理系统

系统设计指南（试行）》（图1-14）。随后，相继在新城尚业路、创业路、同德路等市政道路项目中研究实践双侧收集滞渗、单侧收集存蓄、分段收集净化三种道路收水方式，并在核心区开建6.9km的中心绿廊作为新城中央雨洪调蓄枢纽，初步构建起了四级雨水收集利用体系（图1-15）。先后被新华社、人民日报、中央电视台、经济日报、中国建设报、陕西日报等权威媒体报道。

图1-14　2014年，沣西新城制定出台两项雨水收集利用设施设计指南

1.4.4　科技创新驱动，系统推进建设

沣西新城以探索西北地区海绵城市建设模式，实现海绵城市理念全面融入新区城市建设发展的全过程为己任，全力破解机制、技术、资金、管理、运维等方面诸多难题，形成了一条"规划

图1-15　在尚业路等道路开展雨水收集利用试点

引领统筹、科学创新驱动、蓝绿融合带动、社会资源联动、新区全域推广"的海绵城市建设新路径，建成了一批高品质精品工程，全方位提升了区域功能品质，为中国西北地区及其他城市新区海绵城市建设提供参考范本。

2015年1月，西咸新区和中国城市科学研究会联合举办的"海绵城市建设国际研讨会暨中国海绵城市建设（LID）技术创新联盟成立大会"在沣西新城召开，同时成立了全国首个海绵城市建设技术创新联盟（图1-16）。联盟的成立为我国全面推广海绵城市建设提供了技术支持和理论引导，同时也为沣西新城开展海绵城市建设提供了全方面的助力。

2015年3月，沣西新城召开海绵城市建设专题会议，成立西咸新区沣西新城海绵城市技术中心，专职负责新城海绵城市建设工作，包括海绵城市建设规划编制、基础研究、方案论证、技术指导、现场服务、效果评估等。

2015年4月，在陕西省政府的大力支持下，经过多轮申报和实地踏勘，西咸新区成功获批全国首批16个海绵城市建设试点之一，试点区域位于沣西新城。

2015年5月，西咸新区管委会研究出台《陕西省西咸新区关于加快推进海绵城市建设的若干意见》，编制完成《西咸新区海绵城市建设试点城市三年实施方案》，在沣西新城全面推进海绵城市试点建设。

图1-16 中国海绵城市建设（LID）技术创新联盟成立大会

2015年5月,时任中共中央政治局委员、国务院副总理汪洋实地考察西咸新区沣西新城海绵城市建设,充分肯定了西咸新区海绵城市建设工作,强调"西咸新区海绵城市建设的做法,是新型城镇化建设的创新探索,尤其在北方地区有很强的示范意义,引领着未来城市发展的方向",并反复叮嘱:"海绵城市建设,一定要大规模地做,要把好的经验做法广泛推广出去。把雨水利用好,是一件功德无量的事情!"

2015年12月,沣西新城海绵城市建设作为典型案例,入选中国政府专题片《应对气候变化——中国在行动》,亮相巴黎气候大会,展示了中国城市创新发展的新形象(图1-17)。

图1-17 沣西新城海绵城市建设大事记

2016年4月,《西咸新区海绵城市建设技术指南及图集(试行)》通过专家评审,标志着西咸新区海绵城市建设进入规范化、标准化、常态化的新阶段。

2016年7月,沣西新城海绵城市建设登上"中华人民共和国中央人民政府"门户网站(图1-18)。

2016年12月,沣西新城与西安理工大学、西安建筑科技大学、西安市行政学院、西北农林科技大学、西安公路研究院、咸阳市专业技术人员继续教育基地分别签订战略合作协议,成立6个海绵城市教学科研基地。这是陕西首批以海绵城市建设为主题的教学科研实践基地(图1-19)。

2017年3月,沣西新城秦皇大道、康定和园小区两个项目入选《海绵城市建设典型案例》一书。

2017年7月,沣西新城海绵城市技术中心与西安公路研究院联合开展的《建筑垃圾在海绵城市建设中的综合利用成套技术研究》和《西咸新区海绵城市绿地土壤换填介质应用技术研究》两项课题成功获批陕西省科技厅2017年度重点研发计划重大重点项目立项80万元资金支持。

2018年9月,由沣西新城承办的2018海绵城市国际研讨会在西安隆重召开,共计2000余人出席(图1-20)。

2018年11月,由沣西新城海绵城市技术中心申报的以海绵城市建设标准化为主题的新型城镇化标准化试点成功获批。

2019年3月,陕西西咸海绵城市工程技术有限公司正式成立。

2019年7月,沣西新城海绵城市建设获得UNESCO生态水文科学咨询委员会高度认可,被UNESCO正式授权为新的全球生态水文示范点之一。

图1-18 沣西新城海绵城市建设登上"中华人民共和国中央人民政府"门户网站

图1-19 首批海绵城市教学科研实践基地挂牌仪式

图1-20 2018海绵城市国际研讨会现场

2019年8月,沣西新城作为全国海绵城市试点城市中唯一受邀参与标准编制的建设管理单位,参与国家、行业技术标准5项,为全国海绵城市建设贡献沣西智慧。

2019年10月,陕西省海绵城市建设地方标准制定启动会暨第一次工作会在沣西新城召开。沣西新城主持编制8项省级海绵城市地方标准,进一步为全省海绵城市建设事业添砖加瓦。

第2章　沣西新城全域海绵城市建设体系

沣西新城的海绵城市建设从一开始就是谋全局全域而非仅仅试点区一隅。在试点之初，沣西新城就将试点建设的出发点锁在全新城范围内的系统推进上，提出"试点带动新城，新城牵引新区"的工作策略。立足当时的现状问题，将通过合理的城市开发建设有效预防应对未来水系统风险作为海绵城市建设的重中之重。从规划、环境、水文、水利、生态景观等多角度融合海绵城市理念，科学系统谋划了多目标、多功能、可落地的海绵城市建设体系。

2.1　城市基础条件与本底分析

2.1.1　降雨及蒸发

1. 降雨量

根据咸阳市秦都区（试点区域内）国家基本气象站（1981~2010年）近30年的逐日降水量数据统计分析得到月均降雨量与重现期对应关系（图2-1、图2-2、表2-1）。沣西新城多年平均降水量约520mm，且夏季降水多以暴雨形式出现。最大一日降水量为158.5mm，出现在2007年8月9日。

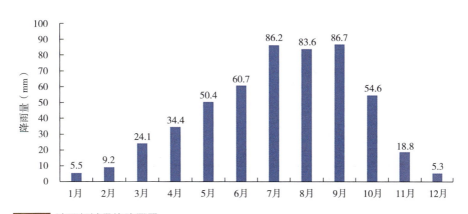

图2-1　沣西新城月均降雨量

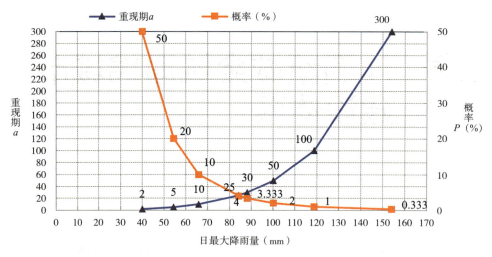

图2-2 沣西新城日最大降雨量-重现期对应关系图

沣西新城日降雨量—重现期对应关系表　　　　表2-1

重现期（年）	300	100	50	30	25	10	5	2
概率P（%）	0.333	1	2	3.333	4	10	20	50
降雨量（mm）	154.1	118.7	100.2	88.2	84.2	66.1	54.3	40

2. 降雨雨型

短历时暴雨雨型：根据咸阳市水文站2000～2017年5min降雨资料，采用Pilgrim&Cordery法推算60min、120min及180min短历时暴雨雨型。结果表明，沣西新城短历时（120min）暴雨雨型主要特征为前锋式单峰降雨（雨峰系数r=0.31），适宜采用源头分散式低影响开发措施进行径流控制（图2-3）。

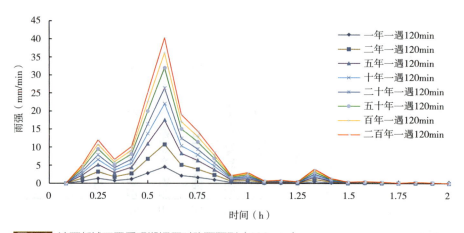

图2-3 沣西新城不同重现期短历时降雨雨型（120min）

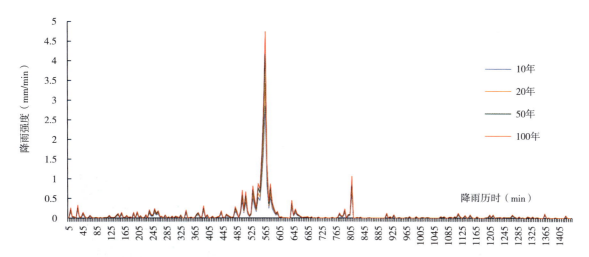

图2-4 沣西新城不同重现期长历时降雨雨型（1440min）

长历时暴雨雨型：根据沣西新城附近秦都区国家基本气象站1960~2014年日最大降雨量，利用皮尔逊Ⅲ型分布曲线拟合不同重现期长历时（24h）暴雨雨型（图2-4）。结果表明：沣西新城长历时暴雨雨型为前锋式单峰降雨（雨峰系数$r=0.39$）。

3. 蒸发量

沣西新城年均蒸发量约为1289mm，月均蒸发量明显大于降水量（表2-2）。

沣西新城2014~2016年月均蒸发量（mm）　　　表2-2

月蒸发量（mm）	2014年	2015年	2016年	平均
1月	46.3	44.6	39.5	43.5
2月	61.8	78.2	82.5	74.2
3月	109.3	94.2	127.5	110.3
4月	141.2	86.4	98.1	108.6
5月	181.9	116.6	142	146.8
6月	275	108.8	163.4	182.4
7月	231.5	170.5	176.9	193.0
8月	202.9	141.4	186.1	176.8
9月	119.8	94.4	89.1	101.1
10月	83.2	61.9	58.4	67.8
11月	53.5	29.6	47.8	43.6
12月	39.7	38	45	40.9
小计	1546.1	1064.6	1256.3	1289.0

2.1.2 地形地貌

沣西新城地属关中平原，土地肥沃，农业灌溉条件优越。整体地貌呈南高北低，主城区地势较平，发育的微地貌有冲沟、洼地、人工坑塘、人工陡坎、人工土堆等形式（图2-5、图2-6）。

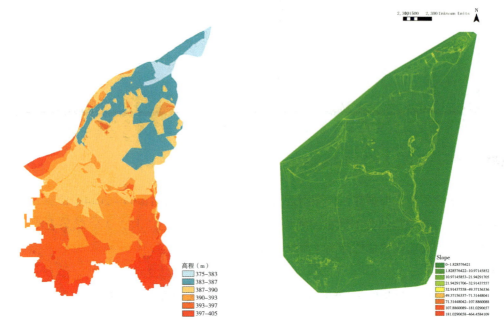

图2-5 沣西新城行政区高程（左）及坡度（右）图

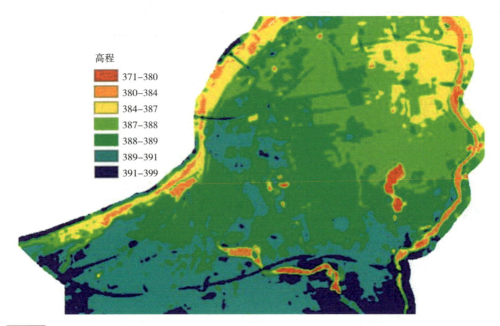

图2-6 沣西新城核心区高程图

2.1.3 土壤地质

沣西新城地处西安凹陷北部，中部分布有大面积Ⅰ级非自重湿陷性黄土，总体来看，湿陷性黄土等级偏低、渗透性较好（平均渗透系数在1×10^{-6}m/s~3.8×10^{-5}m/s之间，中西部土壤渗透性相对较差），适宜在源头场地采用低影响开发雨水措施（图2-7~图2-9）。

图2-7 沣西新城地勘选点示意图

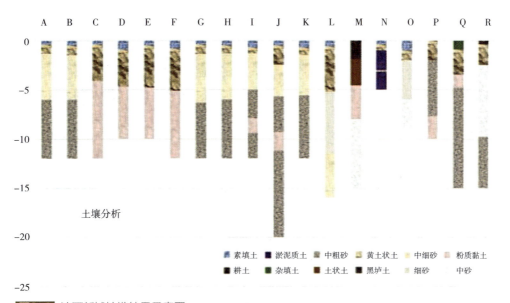

图2-8 沣西新城地勘结果示意图

图2-9 沣西新城湿陷性黄土分布图　　　　　图2-10 沣西新城地下水水位分布图

2.1.4 水文地质

沣西新城位于渭河一级阶地地区，为强富水区，潜水位平均埋深一般在10~20m（图2-10）。地下水分区情况与湿陷性黄土分布呈一定的相关性。湿陷性黄土Ⅰ级区域，地下水较深，地表持水能力差。无湿陷性地带，地下水较浅，土壤含湿量大，承载性较好。地下水整体由东南向西北径流，河流渗透及降水是其主要补给来源，水质类型为碳酸、硫酸、钙、钾、钠型水。

2.1.5 水系情况

沣西新城主要河流包括渭河、沣河、新河（图2-11）。渭河流域面积13.48万km^2，干流全长818km，在新城段河长38.4km，多年平均径流量40.49亿m^3，多年平均流量128m^3/s。沣河为渭河右岸一级支流，流域

图2-11 沣西新城水系分布图

面积1386km^2，河长78.0km，新城段河长23.3km，多年平均径流量为4.08亿m^3，多年平均流量为13.1m^3/s。新河为渭河右岸一级支流，发源于秦岭北麓浅山区，主河道长32.33km，流域面积

303.8km², 新城段河长约12.12km。由于新河上游对水资源的过度开发，新河出峪口以下河流已成为季节性河流，除洪水期外，峪口以下河道已无天然径流。

经相关文献资料统计，沣西新城从大流域角度看属于黄河流域，径流量在总降雨量中的占比约为18.8%。为维持开发水文条件不发生改变，黄河流域总体年径流总量控制率不应低于81.2%（表2-3）。

中国主要河流流域多年水量平衡方程式各要素值　　　　表2-3

流域	流域面积（10⁴km²）	降水量（mm）	径流量（mm）	蒸散发量（mm）
辽河	21.90	472.6	64.5	408.1
松花江	55.68	526.8	136.8	390.0
海河	26.34	558.7	86.5	472.2
黄河	75.20	464.6	87.5	377.1
淮河（包括沂、沭、泗河）	26.90	888.7	231.0	657.7
长江	180.85	1070.5	526.0	544.5
珠江	44.20	1469.2	751.3	717.9
雅鲁藏布江*	24.05	949.4	687.8	261.6

*为中国境内的流域面积

2.1.6　城市建设条件

沣西新城范围内建设用地主要分为村庄、老旧小区、新建小区、公共设施、物流厂房、道路用地六大类（图2-12）。新建小区及在建地块主要集中在西宝高速南北辐射2km范围内。村庄集中在沣景路以南，沿咸户路及新河、沙河线性分布。工业厂房主要沿咸户路两侧分布，村庄用地占比超过50%，新建小区占比接近13%。

已建雨、污水管网主要集中在渭河以南、老西宝高速以北，老西宝高速以南、西宝高速新线以北管网主要处于在建状态，已建雨水管网排至咸阳南郊污水处理厂，污水厂处理负荷为4万m³/d，服务面积为10.2km²（图2-13）。

2.1.7　自然径流特征分析

沣西新城通过对自然基础条件的深入分析与评估，基于降雨规律、自然径流特征、土壤与人工结构渗透规律、污染物累积规律等分析，明确试点区年径流总量控制率、SS负荷削减率等定量指标，同时建立模型模拟基础率定条件，合理确定试点区海绵城市建设目标。

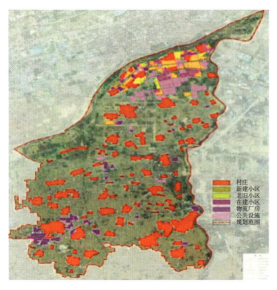

图2-12 新城城市建设用地现状图　　图2-13 新城雨污水管网建设现状图

1. 降雨规律

通过统计分析咸阳市秦都区（试点区域内）国家基本气象站近30年的日降雨（不包括降雪）资料，获得不同年径流总量控制率对应的设计降雨量关系（图2-14、表2-4）。

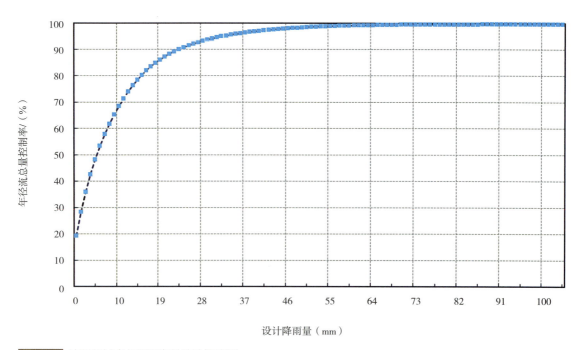

图2-14 沣西新城多年降雨资料统计规律图

不同年径流总量控制率对应的设计降雨量（mm，24h）　　　　表2-4

年径流总量控制率（%）	50	60	65	70	75	80	85	90
设计降雨量（mm）	6.4	8.6	9.9	11.5	13.5	15.9	19.2	24.1

该区域属于西北干旱少雨地区，年径流总量控制率对应的设计降雨量相对较小，源头径流减排控制具有较高的工程实操性及经济合理性。

2．区域开发建设前产汇流特征

在高精度地形普查基础上，采用GAST模型模拟分析开发前不同重现期（1年一遇、5年一遇）典型降雨条件下的地表下渗及产汇流过程（图2-15、图2-16）。

结果显示：开发建设前，1年一遇典型降雨条件下，地表雨量综合径流系数约为0.33，径流总量外排率约9%；5年一遇典型降雨条件下，地表雨量综合径流系数增长至0.44，径流总量外排率约15%。为维持开发前后水文条件相似，区域年径流总量控制率须维持在较高水平。

（1）土壤与人工结构渗透规律

基于原土土壤勘察、不同自然下垫面渗透规律试验、实验室及实际工程双向条件下的人工换

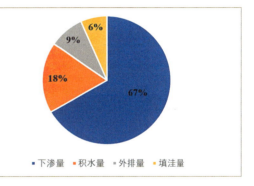

研究区域面积（km²）	200
总降雨量（m³）	2557954
产流量（m³）	积水共454000
	填洼共168000
	外排共226000
下渗量（m³）	1709954
径流系数	0.33

图2-15　1年一遇典型降雨下地表产汇流分析

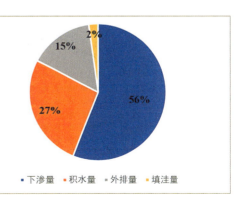

研究区域面积（km²）	200
总降雨量（m³）	7769971
产流量（m³）	积水共2068055
	填洼共168000
	外排共1181745
下渗量（m³）	4352171
径流系数	0.44

图2-16　5年一遇典型降雨下地表产汇流分析

填结构渗透规律试验等大量基础性研究工作,摸清区域本底条件下下渗及产汇流规律,分析城市开发建设前本底径流外排总量情况,作为开发建设后径流外排总量控制目标设定依据。

(2)自然地表类型土壤下渗规律

选择典型下垫面代表测点的下渗速率试验,结合工程建设项目地质勘察土壤渗透性监测结果,综合判断自然下垫面土壤稳态下渗速率(不完全统计)介于$1\times10^{-6}\sim3.8\times10^{-5}$m/s之间(图2-17)

(3)典型低影响开发设施下渗规律(雨水花园、生物滞留带、透水铺装等)见图2-18~图2-21

(4)地表径流污染物负荷基本情况与累积规律

1)典型下垫面场次降雨径流污染物EMC平均浓度监测情况

经2016~2017年间累积28场次降雨监测,结果表明:沣西新城典型下垫面中TN、TP和COD_{Cr}

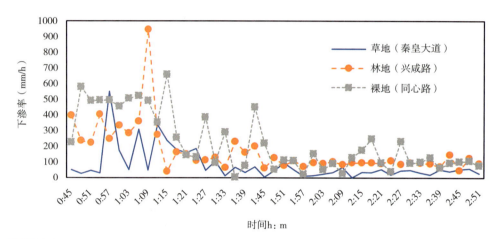

图2-17 沣西新城自然下垫面(代表测点)土壤下渗速率动态监测情况

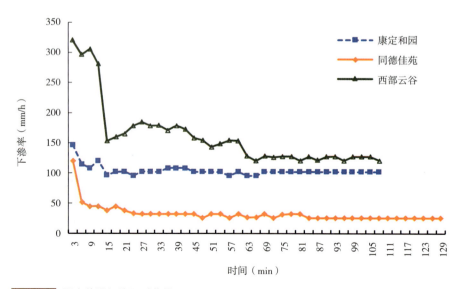

图2-18 雨水花园入渗历时曲线

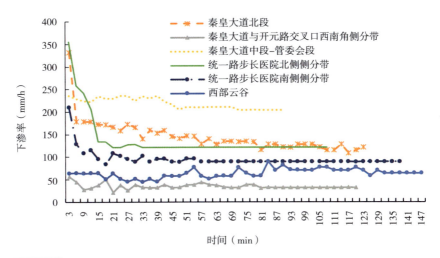

图2-19 生物滞留带入渗历时曲线

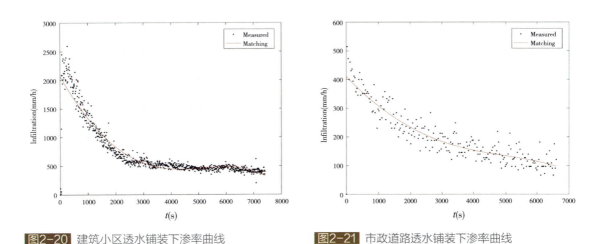

图2-20 建筑小区透水铺装下渗率曲线　　图2-21 市政道路透水铺装下渗率曲线

径流平均浓度在地表水Ⅳ到Ⅴ类水平，场次降雨NH_3-N平均浓度相对较低，达到地表水Ⅱ到Ⅳ类（表2-5）。因沣西新城开发建设时间短，新建城区下垫面径流污染程度尚不高，随着城市开发进程，交通、人流、工商业、建设活动等增加及大气沉降累积等因素影响，季节性强降雨作用下，依然存在较高的面源污染风险。

2）典型生物滞留设施径流总量控制率与污染物削减率的对应关系

通过对5处典型生物滞留设施在不同降雨情况入流及外排径流量、径流水质的多年持续监测，探明雨水径流控制量和主要污染物（TSS、TN、TP、COD等）控制量之间的关系（图2-22）。

结果表明：生物滞留设施（雨水花园）水量削减率与TSS、NH_3-N、NO_3^--N、TN、TP、COD等典型污染物负荷削减率的相关性（R^2）呈明显线性相关。

沣西新城典型下垫面场次降雨污染物平均浓度监测情况（mg/L）　　　表2-5

典型下垫面	TSS	TN	TP	COD_{Cr}	NH_3-N	NO_3^--N
同德佳苑屋面	6~464 （92.16）	0.8~5.82 （2.52）	0.02~0.62 （0.25）	3.99~173.4 （55.24）	0.02~0.8 （0.44）	0.19~3.08 （1.09）
沣西管委会 10号楼屋面	12~212 （61.11）	1.319 ~2.42 （1.93）	0.035 ~0.75 （0.20）	13.53 ~103.98 （58.35）	0.12 ~0.75 （0.56）	0.15~0.93 （0.39）
尚业路路面	5~498 （120.96）	0.63 ~7.86 （2.66）	0.05~1.73 （0.44）	18.59~1204 （164.59）	0.23 ~4.03 （0.98）	0.22~3.13 （0.92）
秦皇大道路面	54~1090 （290.94）	0.92 ~5.11 （2.16）	0.15~1.92 （0.47）	32.21~316 （112.44）	0.1~2.72 （1.02）	0.04~1.7 （0.81）
兴咸路路面	32~184 （114）	1.68 ~2.05 （1.88）	0.376 ~0.56 （0.47）	54.06~71.98 （61.89）	0.54~0.6 （0.57）	1.05~1.37 （1.23）
西部云谷外绿地	18~76 （58.22）	1.82 ~1.99 （1.91）	0.25~1.16 （0.58）	80.8~163.1 （112.1）	0.28 ~0.55 （0.37）	0.18~0.97 （0.56）
秦皇大道旁绿地	164~852 （372.33）	1.3~2.32 （1.97）	1.65~2.16 （1.88）	84.82 ~146.98 （121.24）	0.52 ~1.22 （0.82）	0.11~1.25 （0.64）

3）试点区域径流总量控制率与污染物削减率对应关系

基于SWMM模型，定量评价试点区域不同降雨情况下的径流量削减率、径流污染物负荷削减率，明晰雨水径流控制量和主要污染物（SS、COD、TN和TP）控制量间的定量关系（图2-23）。

结果表明：传统开发和低影响开发两种模式下，雨水径流控制量和污染负荷控制量间存在较好拟合关系。低影响开发模式下，雨水径流控制量和污染负荷控制量均较传统开发模式好，且在小重现期降雨时明显。

4）达到"治水除涝"要求的径流总量控制

综合考虑城市开发后径流污染外排总量不应大于开发前的控制要求与地表水质Ⅳ类保护要求，以外排径流污染负荷总量（以COD计）优于地表水Ⅳ类标准限值为目标，确定沣西新城年径流总量控制率目标要求不低于84.56%。

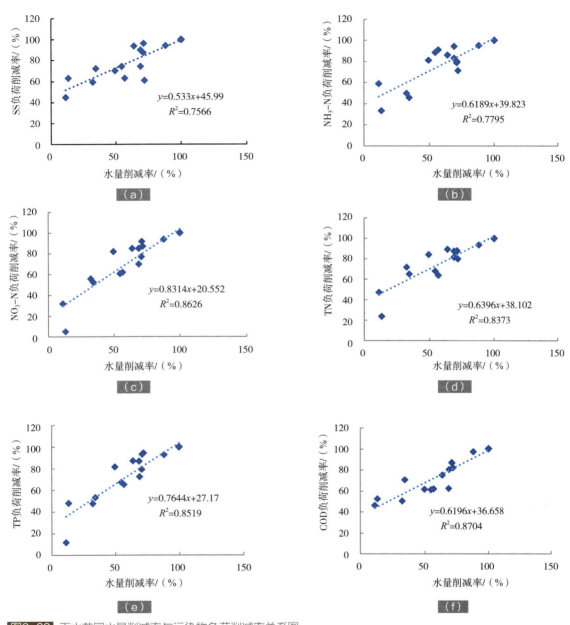

图2-22 雨水花园水量削减率与污染物负荷削减率关系图

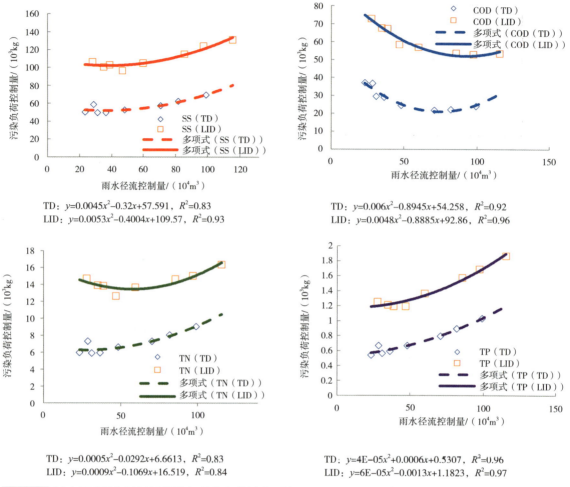

图2-23 试点区域雨水径流控制量与污染物负荷削减量关系图

2.2 城市现状问题

2.2.1 水系统安全风险

1. 历史洪水与洪水风险评估

渭河、沣河、新河均为沣西新城过境河道，历史上多次发生洪水灾害，造成河道溢流决口、耕地及房屋淹没安全风险，流域洪水灾害均由暴雨形成（图2-24）。

2. 历史积水点与内涝风险评估

（1）历史积水点及成因分析

通过历史调查法分析四种典型重现期P=0.5、1、2、50下沣西新城内的积水内涝点（图2-25～图2-27）。

第2章 沣西新城全域海绵城市建设体系 / 033

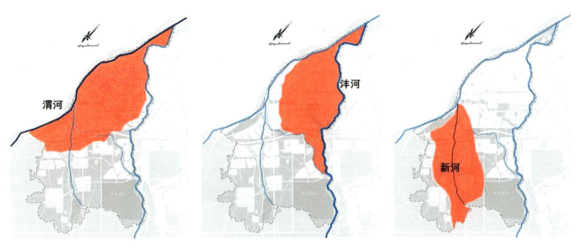

图2-24 渭河、沣河、新河洪水淹没范围分析（历史最大洪水）

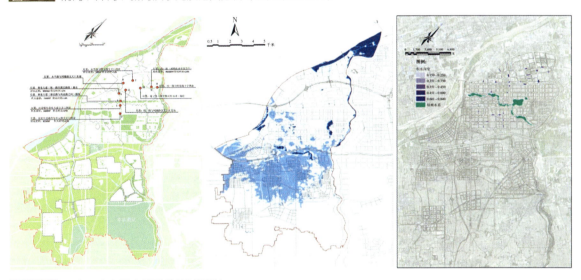

图2-25 历史积水点及内涝风险区域识别

图2-26 沣西新城内涝积水图

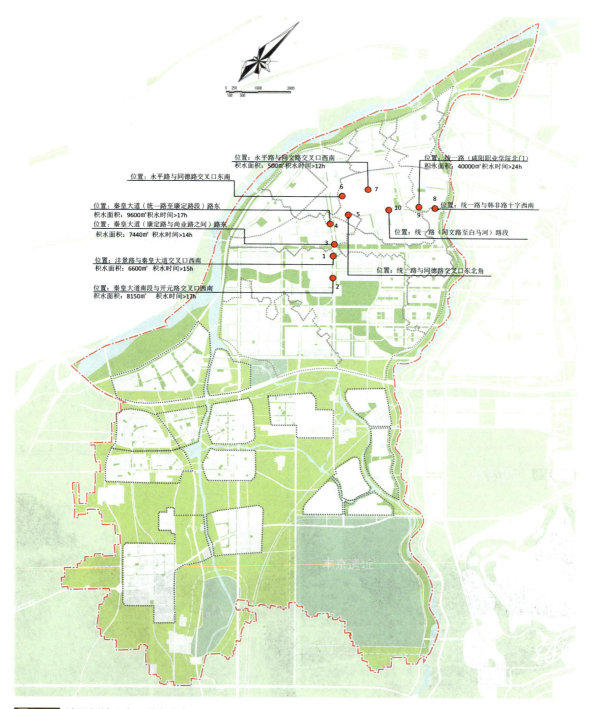

图2-27 沣西新城历史积涝点分布图

0.5年一遇时，有四个常见积涝点（积涝点5、6、7、9）；1年一遇时，有五个常见积涝点（积涝点1、3、4、5、9）；2年一遇时，有六个常见积涝点（积涝点1、2、6、7、9、10）；50年一遇时，有十个常见积涝点（积涝点1~10）。

成因分析：

1）管网排水能力不足，无法在短时间排出积水，如积涝点3、1、2；

2）现场施工，下游管网排水不畅，如积涝点5；

3）雨水排放口设置不合理，积水无法排出，如积涝点7；

4）管网堵塞，管道内雨水蓄满而溢出，如积涝点8；

5）地势低洼，无良好的行泄通道，如积涝点4、6、9、10。

核心原因在于现状管网及泵站建设尚未健全，部分管道为断头管，下游排放无出处，雨水超过管道自身调蓄容积即产生积涝，与城市开发时序关系密切。

（2）排水能力评估及内涝风险区域识别

通过ArcGIS识别现状和规划条件下50年一遇降雨内涝风险区域（图2-28）。

通过InfoWorks模型进行排水管道排水能力校核（图2-29）。在规划条件下，无洪水顶托与有洪水顶托条件下，大于3年一遇排水标准的管网比例分别约为91.17%、65.17%。

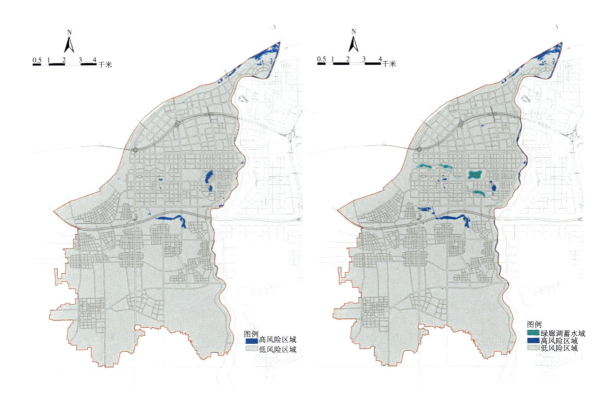

图2-28 沣西新城开发前（左）后（右）内涝风险区域识别

图2-29 无顶托(左)和有顶托(右)条件下规划管网排水能力评估图

30年及50年一遇降雨条件下,沣西新城主要内涝积水区域(积水深度15cm,积水时间30min以上)见图2-30。

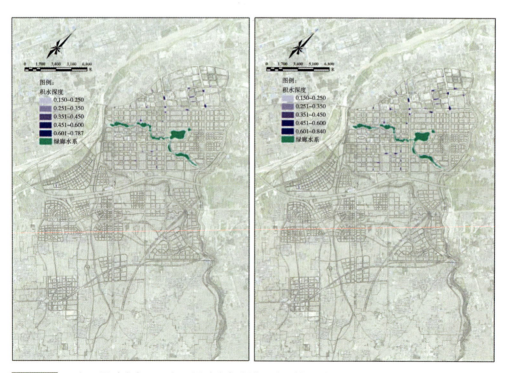

图2-30 30年一遇(左)及50年一遇(右)内涝积水区域识别

50年一遇降雨条件下,内涝积水点数量较多,与历史积水点的重合度亦较高,须采用源头削减、竖向调整、道路红线内外绿地结合、道路与公园绿地结合、提前预警预案等方式综合应对解决内涝积水问题,构建完整的内涝防治体系。

2.2.2 基于河流水质保障的水环境分析

1. 水体水质现状

沣西新城沣、渭、新、沙四条河道中:沙河现状处于断流状态;渭河、沣河沣西段出入境断面水质基本均维持在地表水环境Ⅲ~Ⅳ类标准;新河水质较差,境内水体整体处于地表水环境Ⅴ类~劣Ⅴ类标准(图2-31)。

图2-31 改造前的新河水环境

2. 径流污染风险分析

沣西新城总体现状污染物负荷情况如图2-32所示。其中,北部已建区及核心区北侧部分区域由于开发强度大,径流污染较严重,且部分区域还存在雨、污水混接现象,严重威胁末端水体水质;南部拓展区及核心区大部分区域现状基本为农田及村庄,无完善的雨水、污水收集排放系统,径流污染负荷较小,对河道污染影响较低。

3. 远期点源及面源污染评估

通过采用产排污系数法对点源污染物进行预测,沣西新城远期规划(2030年)点源污染物负荷如表2-6所示。

图2-32 现状污染负荷分布图

沣西新城远期点源污染估算　　　　　　　　　　　表2-6

流域名称	COD（t/a）	TN（t/a）	TP（t/a）
渭河流域	5109.82	941.81	72.14
沣河流域	2091.58	354.91	28.01
新河流域	3177.09	514.18	41.31
合计	10378.50	1810.9	141.46

考虑污水厂处理效率，出水指标按Ⅰ级A进行估算，则污水厂处理后排入河道的尾水污染量（以COD计）约为778.39t/a。

远期随城市不断开发，径流污染负荷将会成倍增加，若不进行源头减排，径流污染将成为河道污染的首要污染源，严重威胁末端受纳水体水环境质量（表2-7）。

流域远期径流污染浓度估算表　　　　　　　　　　表2-7

流域名称	汇水面积（ha）	COD污染物负荷（t/a）
渭河流域	3045.73	1207.85
沣河流域	1399.21	509.53
新河流域	1324.13	530.60
沙河流域	1276.24	530.70
合计	7045.31	2778.67

4. 环境容量评估

在假定河道本底水质为Ⅳ类水基础上，使用零维水质模型对河流水环境容量进行分析（表2-8）。以COD计，流域总环境容量为2105.48t/a。目前渭河、沣河基本满足Ⅳ类水水质要求，新河仍需增加人工干预措施，对本底水质强化处理。

沣西新城水环境容量　　　　　　　　　　　　　　表2-8

流域名称	COD（t/a）	TN（t/a）	TP（t/a）
渭河流域	920.29	30.68	4.09
沣河流域	325.00	10.83	1.44
新河流域	860.19	28.67	3.82
合计	2105.48	70.18	9.35

5. 总体污染风险分析

通过对新城点源污染、面源污染及河道水环境容量评估分析，进行流域规划条件下的不同污染风险评估（表2-9、图2-33）。为实现流域总体水环境容量不超标，一方面需有效保证新城污水收集处理率，另一方面需尽可能使城市面源污染控制率达到52.24%以上。

沣西新城河道环境容量及污染物减排需求分析　　　　　表2-9

环境容量（t/a）	点源排放（t/a）	面源排放（t/a）	需削减量（t/a）	面源污染削减比例（%）
2105.48	778.39	2778.67	1451.58	≥45

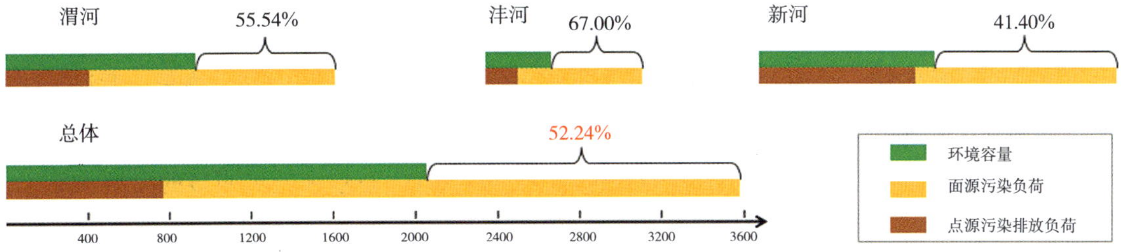

图2-33　沣西新城近远期面源、点源污染负荷评估

2.2.3　水资源情况现状及优化配置分析

根据陕西省2014～2016年水资源公报，西咸新区人均、亩均占有水资源量约为陕西省平均水平的1/5，全国平均水平的1/10，属于严重缺水地区（图2-34）。现状区域供水结构不合理，地下水超采严重，非常规水源利用率偏低。受水体水质及工程建设限制，现状实际能供给的水资源较少，缺口严重。现状地表水工程仅有涝店抽水站，供水量350万m^3/a，地下水工程为咸阳五水厂，供水量540万m^3/a。

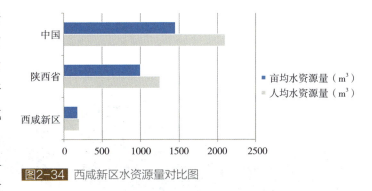

图2-34　西咸新区水资源量对比图

随着未来人口发展、城市开发，水资源仍将是制约新城发展的重要因素。统筹雨水、污水与再生水、地表水、地下水等水资源，提升水体环境质量，有效回补地下水，实现水资源的综合利用与调度是沣西新城未来发展的核心诉求。

沣西新城（按城市建设用地计）2030年污水处理总量预计可达10350万m^3，年雨水径流量约为2184万m^3，若要填补缺用水需求缺口，则再生水资源化利用率需达到40%~50%，雨水资源化利用率需达到10%～15%（表2-10）。

沣西新城现状及规划用水需求测算　　　　　　　　表2-10

水平年（年）	城市用水（万m³）	农村生活（万m³）	合计（万m³）	水资源可利用量（万m³）	水量平衡（万m³）	缺水率（%）
2014	4478	218	4696	4100（地下水3750）	-596	12.7
2030	11500	133.6	11633.6	7024/8010	-4609.6	39.6

2.2.4 水生态现状及问题分析

沣西新城当前河道生态特征可分为人工生态型与生态缺乏型两类。

人工生态型：渭河、沣河。随着2011年陕西省启动渭河综合治理工程以及渭河流域水污染防治三年行动方案的实施，治理力度加大，水质明显改善，水生态系统功能逐步恢复。渭河、沣河监测水质达到Ⅳ类及以上水质标准，可满足河道内外生态水面工程对水质的要求，水体生境内生物多样性较丰富，河岸基本均采用生态护岸防护，同时营造生态景观效果明显的大型水面工程（图2-35）。

生态缺乏型：新河、沙河。新河受沿河乡镇、村庄生活及工业等污水排放影响，水质较差，河道内水生动物稀少，雨季时暴雨对河道两岸冲刷较严重，河道基本丧失生态功能。沙河河道无常流水，仅在高桥镇沙河桥以下大沙坑中逸出地下水，形成一定的水面景观，局部河段为当地村民生活垃圾堆放场地，河道基本丧失生态功能（图2-36）。

图2-35　沣河生态景区（人工生态型）

图2-36　2015年前新河河道（生态缺乏型）

2.3　海绵城市建设目标和建设思路

2.3.1　建设目标

沣西新城海绵城市建设目标主要为四个方面：

一是保护城市山水格局。科学划定禁建区、限建区范围线及蓝绿线管控范围，明确沣、渭、新河河道生态基流规律，构建蓝绿交织的城市生态安全格局。

二是综合解决现状雨洪问题。针对历史积涝点制定专项整治方案，在源头低影响开发条件下，雨水管网排水能力不小于3年一遇。渭河、沣河、新河防洪满足国家标准要求。

三是有效应对未来水系统风险：1）水生态：尽可能维持开发前后自然水文循环，天然水域面积不减少。2）水安全：规划用地条件下，发生暴雨时无明显内涝积水区域，渭河、沣河、新河防洪满足国家标准要求。3）水环境：考虑未来城市发展影响，有效保障沣河、渭河、新河（沣西段）水环境质量，无新增污染，限定城市开发后污染排放负荷不超过总体水环境容量。4）水资源：强化非常规水资源利用，雨水、再生水替代自来水用于市政杂用，保障河道及城市景观生态用水，节约水资源。

四是营造更加优质的绿色生态产品。结合城市雨洪管理功能需求，构建大型多功能蓝、绿色基础设施，明确设施规模、竖向、径流组织方式、用地调整策略等，拓展水清岸绿的城市滨水空间，改善人居环境。

结合上述目标，沣西新城从水生态、水安全、水环境、水资源四个方面确定海绵城市建设指标体系，如表2-11所示。

沣西新城海绵城市建设指标汇总表 表2-11

类别	指标	目标值
水生态目标	年径流总量控制率	85%，对应设计降雨19.2mm
	天然水域保持率	天然水域面积不减少
水安全目标	水系防洪标准	渭河、沣河100年一遇设防，新河50年一遇设防
	雨水管渠排放能力	中心城区3年一遇，地下通道和下沉式广场20年一遇
	内涝防治能力	（1）近期30年一遇，远期50年一遇；（2）居民住宅和工商业建筑物的底层不进水；（3）道路中一条车道的积水深度不超过15cm，积水时间不超过30min
水环境目标	年雨水径流污染物削减率	TSS总量削减率≥60%
	雨污分流比例	100%
	地表水体水质标准	沣河沣峪口至沣河入口段执行地表水环境Ⅲ类标准，其余水体水质标准执行地表水环境Ⅳ—Ⅴ类标准，新河水体黑臭程度有效控制
水资源目标	雨水收集利用率	替代市政杂用水比例10%~15%
	污水再生利用率	≥30%
	地下水保护	新城地下水水位控制达标率≥70%

2.3.2 建设思路

根据基础条件、建设目标及其他类似发达地区海绵城市治理经验，从全域推进思路形成五方面建设策略。

一是源头管控，出流管制，分散净化消纳雨水（图2-37）。从径流总量、峰值、水质三个层面设定管控目标，结合绿地空间条件将指标分解至建筑地块、退让绿地及市政道路等不同类型用地，维持开发前后自然水文循环条件、降低径流污染对受纳水体冲击、合理利用雨水资源，系统考虑不同用地之间、源头与末端之间的指标联动与分担，从源头分散滞蓄、净化及消纳雨水。

二是灰绿交融、分级调蓄，蓄排结合防治内涝（图2-38）。空间上，优化绿地布局，从小区绿地、道路林带、街旁绿地到城市公园构建分级错落的生态滞蓄开放空间（调节塘、湿地、调蓄枢纽），通过不同尺度流量管控，分级量化调蓄规模，保证超标径流排泄安全，实现分散调控。竖向上，顺应自然地形，优化土方平衡，充分考虑城外水系丰枯水位变化，保障雨水径流从"源头地块→管网或生态排水沟渠（地表漫流通道）→生态滞蓄空间→城内水系或调蓄枢纽→城外水系"的有序排放，引导城市总体竖向设计、道路交叉点标高及基础地坪标高的确定或优化。

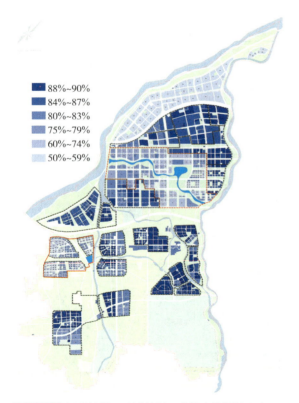

图2-37 源头管控，出流管制，分散净化消纳雨水　　图2-38 灰绿交融、分级调蓄，蓄排结合防治内涝

第2章 沣西新城全域海绵城市建设体系 / 043

图2-39 流域协同、近远兼治，系统治理水体污染

图2-40 蓝绿交织、水岸相融，防洪生态双重保障

三是流域协同、近远兼治，系统治理水体污染（图2-39）。从流域治理角度出发，构建包括落实河长制、截污纳管、污水厂提标改造、内源治理、生态修复、清水补给、城乡协同整治在内的水体治理系统策略。

四是蓝绿交织、水岸相融，防洪生态双重保障（图2-40）。结合城市空间，构建基于"防洪与防涝"治理并重考虑的"城市绿地+城市内河→外围滩面+城市外河"双重保障体系，"排水、防涝、防洪"实现有机衔接。在确保防洪安全前提下，结合滨水景观打造生态、自然、亲水宜人的岸线及滩面。

五是活水开源、三水融合，破解北方缺水困局（图2-41）。充分利用雨水资源补充景观水体（城市公园、景观湖泊、生态湿地

图2-41 活水开源、三水融合，破解北方缺水困局

等）、河道基流及城市绿地、道路浇洒等，实现雨水就地资源化回用。构建完善的污水处理及回用系统，将再生水作为景观水体、河道基流最重要的稳定补水水源。建设市政中水管网系统，替代市政杂用水等，实现"雨水""再生水"等非常规水资源与"地表水、地下水"传统水资源有机融合、互为补偿，缓解沣西新城城市发展水资源供需矛盾。

2.4 系统实施方案

2.4.1 区域目标

沣西新城根据开发程度、发展定位和目标、本底建设条件等因素划分为建成区、核心区及拓展区，结合三个区域的不同特征，分别提出相应建设指标和总体建设思路（图2-42）。

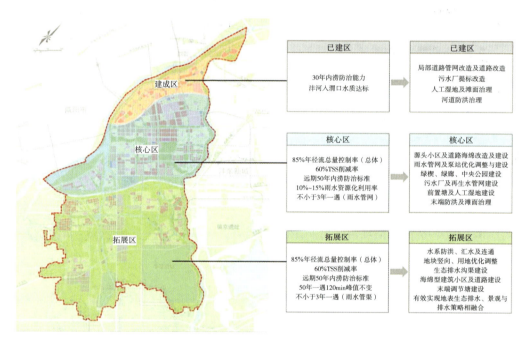

图2-42 沣西新城海绵城市分区建设指标与建设思路

已建区实施空间有限、城市密集，能够达到的年径流总量控制率以及峰值流量控制情况较弱，主要以洪涝控制为主（表2-12）。

已建区核心指标的分解　　　　　　　　表2-12

区位	目标	策略
已建区	3年一遇雨水管渠排放能力 30年内洪涝防治能力 沣河入口河段达标	局部道路管网改造污水厂提标改造 人工湿地及滩面处理

核心区实施条件由北至南趋向于更新改造，以绿廊、环形公园为核心，排水分区的划分根据绿地空间调整，最大可能减少雨水管网的直接排放，降低泵站排放频率（表2-13）。

核心区核心指标的分解　　　　　表2-13

区位	目标	主要策略
核心区	85%年径流总量控制率（总体） 55%TSS削减率 50年内涝防治标准 50年一遇1440min峰值不变 10%雨水资源化利用率 不小于2年一遇雨水管网	源头建筑小区及道路改造 雨水管网及泵站优化调整与建设 污水厂及再生水管网建设 绿楔、绿廊、中央公园建设 前置塘及人工湿地建设 末端防洪及滩面治理

拓展区为整个片区项目实施潜力最大的区域，但面临的洪涝风险预防、河道水位与排水系统衔接、绿地系统调整等问题更需高度重视，可通过绿色基础设施建设，有限管网建设条件实现雨水的调节、调蓄和排放（表2-14）。

拓展区核心指标的分解　　　　　表2-14

区位	目标	主要策略
拓展区	85%年径流总量控制率（总体）55%TSS削减率 50年内涝防治标准 50年一遇1440min峰值不变 50年一遇防洪标准 不小于3年一遇雨水管渠	水系防洪、汇水及连通 地块竖向、用地优化及调整 生态排水沟渠建设 海绵型建筑小区及道路建设 末端调节塘建设 有效实现地表生态排水，景观与排水策略相融合

2.4.2 流域及汇水分区

依据现状地形和排水管网排水走向，西咸新区主要划分为渭河流域、泾河流域、沣河流域、皂河流域、新河流域（表2-15）。沣西新城所处流域主要包括渭河流域、新河流域及沣河流域（图2-43）。沣西新城境内沙河因时代变迁不再具有防洪功能，但仍具备较好的自然地势条件，内部河滩区面积大、渗透性良好，可作为南部拓展区末端受纳排水区。沣西新城优化南部片区规划，将沙河作为新城内部独立子流域，充分发挥沙河排水、景观及历史功能（图2-44）。

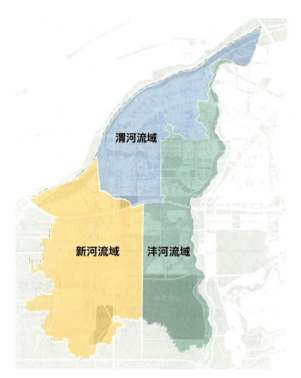
图2-43 沣西新城调整前流域分区

图2-44 沣西新城调整后流域分区

沣西新城流域分区统计　　　　　　　　　　　表2-15

编号	流域名称	汇水分区	汇水面积（ha）
01	渭河流域	渭河直排汇水区	2637.13
		绿廊汇水区（西）	696.76
02	沣河流域	沣河直排汇水区	2534.25
		绿廊汇水区（东）	696.76
03	新河流域	新河直排汇水区	5039.78
		沙河汇水区	1542.77
		规划河道汇水区	1152.55
合计			14300.00

2.4.3 排水分区

沣西新城利用规划公园绿地、现状自然下沉空间作为地表径流承载区，排水分区的划分在基于自然地形条件的基础上与绿地空间及路网的布局充分结合，试点区域内6个子排水分区的名称及面积分别如表2-16及图2-45所示。

沣西新城子排水分区统计　　　　　　　　　　表2-16

汇水区名称	编号	排水分区	汇水面积（ha）	分区合计面积（ha）
渭河直排汇水区	1	渭河1号	643.4	2451.1
	2	渭河2号	271.22	
	3	渭河3号	165	
	4	渭河4号	184	
	5	渭河5号	206	
	6	渭河6号	37	
	7	渭河7号	147	
	8	渭河8号	577.48	
	9	渭河9号	220	
绿廊汇水区	10	绿廊片区	1393.52	1393.52
沣河直排汇水区	11	沣河1号	201	650.54
	12	沣河2号	304.18	
	13	沣河3号	145.36	
新河直排汇水区	14	新河北1	522.29	1451.55
	15	新河南1	154.32	
	16	新河南2	73.3	
	17	新河南3	151.59	
	18	新河南4	348.7	
	19	新河南5	201.35	
沙河汇水区	20	沙河北1	181.24	803.66
	21	沙河南1	273.26	
	22	沙河南2	123	
	23	沙河南3	144.9	
	24	沙河南4	81.26	
规划河道汇水区	25	沙河南5	86.3	488.79
	26	沙河南6	81.2	
	27	沙河南7	175.36	
	28	沙河南8	145.93	
合计				7239.16

分区调整后，沣西新城子排水分区合计为28个（以建设用地为边界）。

图2-45 沣西新城调整前后排水分区

2.4.4 全域系统方案

西咸新区沣西新城海绵城市建设路径选择遵循以下原则：

理念：保障城市安全前提下，确保城市开发前后水文循环特征基本保持一致（重现期1～50之间）。

方法：优先采用具有弹性的绿色基础设施达到目标要求。

价值：对比绿色与灰色基础设施资产投资成本与长期收益分析，构建雨洪基础设施资产的良性价值体系。

策略：从源头减排、过程输送、末端治理和雨污水净化与循环四个着力点系统推进（图2-46）。

为了确保海绵城市建设要求精准落地，沣西新城科学编制了《沣西新城海绵城市专项规划》《沣西新城核心区低影响开发研究报告》进行指标分解。一是针对区域水环境、水资源、水安全以及水生态现状问题，提出海绵城市建设分区指引，制定对应规划措施。二是落实海绵城市建设管控要求。划分管控单元，逐级分解建设目标，明确建筑与小区、城市绿地、城市道路和城市水系的海绵城市控制指标。三是科学系统布局近期建设范围，确定近期建设工程。四是明确不同层级、不同专项的规划衔接要求。在分区规划、水系规划、雨水工程专项规划、污水工程专项规划、给水及再生水规划等涉水规划中融入落实海绵城市理念和相关要求。

图2-46 西咸新区沣西新城海绵城市建设综合策略

为确保工程项目有序衔接,进一步明确目标与项目间的联系,沣西新城在专项规划基础上,编制《海绵城市建设系统方案》。围绕全域范围涉水问题深度剖析,优化调整排水分区,全面统筹布局源头、过程、系统治理工程综合方案,搭建规划与设计、目标与工程间的"桥梁"。针对不同子排水分区,结合区域(建成区、核心区、拓展区)水问题特征及本底条件,合理设定核心控制目标。分别梳理源头地块、过程管渠与城市开放空间、受纳水体、排涝除险系统与行泄通道、水资源综合调度等重大蓝绿基础设施组合关系,综合分析地块和市政项目间的协同作用。通过年径流总量控制率、SS去除率、竖向标高、径流系数、地块排口管径、雨水利用体积、市政雨水管径及末端排口标高、末端调蓄及调节设施总量控制等控制性及引导性指标进行图则精细化管控,融入规划管控制度。定边界、定指标、定工程,明确目标、项目、效果间定量关系,从城市发展角度系统谋划近、远期海绵城市建设方法与内容。

1. 源头减排

(1)建筑地块及片区指标分解

对全域海绵城市的源头减排控制进行详细指标分解,如图2-47所示。

在做好核心区源头指标分解的同时,对北侧建城区地块海绵化改造目标,调整核心区绿廊排水分区地块源头控制指标,充分利用雨水补充绿色基础设施的生态需水,对南部拓展区源头控制指标总体进行分解。

（2）典型道路断面及道路源头控制指标分解

沣西新城不同宽度道路推荐典型设计断面如图2-48~图2-51所示。

80m=3m（绿化带）+5m（人行道）+8m（辅道）+6m（侧分带）+12m（主车道）+12m（中分带）+12m（主车道）+6m（侧分带）+8m（辅道）+5m（人行道）+3m（绿化带）。

60m=4.5m（人行道）+2.5m（非机动车道）+5.5m（侧分带）+11.5m（机动车道）+12m（中分带）+11.5m（机动车道）+5.5m（侧分带）+2.5m（非机动车道）+4.5m（人行道）。

40m=3m（人行道）+3.5m（非机动车道）+3m（侧分带）+10.5m（车行道）+10.5m（车行道）+3m（侧分带）+3.5m（非机动车道）+3m（人行道）

通过典型设计断面结合道路绿化和竖向条件进行海绵城市源头指标分解（表2-17）。

图2-47 沣西新城海绵城市源头指标分区示意图

道路源头指标分解表 表2-17

道路类型	年径流总量控制率	SS污染去除率	备注
80m、60m主干道	85%	60%	尽可能利用道路自身绿化条件，道路纵坡考虑超标径流蓄排通道
40m城市道路	75%	53%	尽可能利用道路自身绿化条件，道路纵坡考虑超标径流蓄排通道
30m及以下城市道路	65%	46%	尽可能结合道路红线外绿地条件

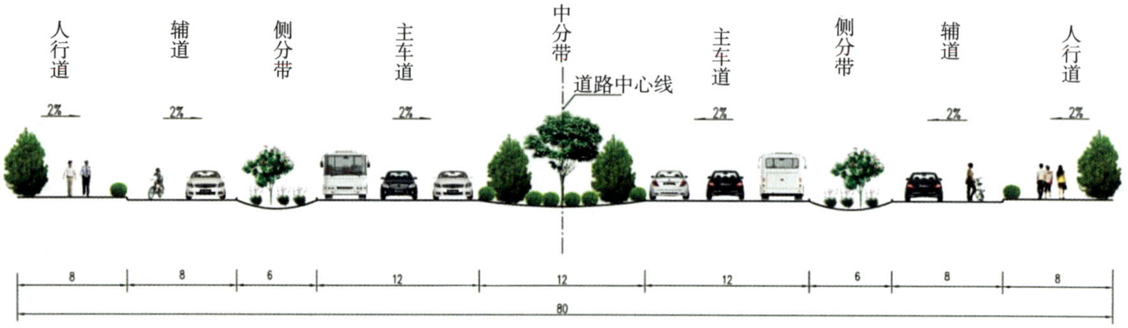

图2-48 新城80m主干道典型断面设计

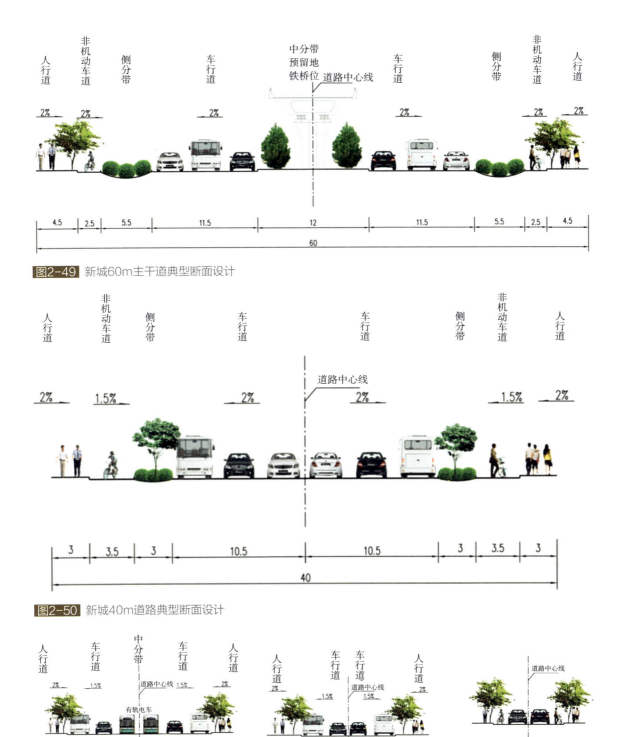

图2-49 新城60m主干道典型断面设计

图2-50 新城40m道路典型断面设计

图2-51 新城30m及以下道路典型断面设计

2. 过程输送

沣西新城城市雨水排水系统为分流制，已建老城区存在部分雨污混接现象。通过城市排水系统的梳理和规划，降低城市内涝风险及末端河道污染（图2-52）。

针对已建区，为减少末端管网入河的径流或混接污染，对已建区城中村进行截污改造，将混接污水排入末端合流制调蓄池，降低雨天污水厂处理负荷，减少污水厂超越管溢流次数，降低末端河道污染。

针对核心区及拓展区，源头地块径流组织宜采用植草沟、卵石沟等生态排水系统，末端采用溢流方式接入市政雨水管网，降低接驳管线的标高和管径，校核地块开发前后峰值流量，尽量维持开发前后峰值流量不发生改变；已建市政雨水管网结合内涝风险分析提标改造，新建市政雨水管网或沟渠按国家标准设计，局部内涝风险较高的片区结合模型模拟分析调整。结合自然地形、末端水系水位变化等条件，将沙河北1片区、南部科学城片区规划为地表式排水系统，优化雨水管网设置，实现片区总体建设要求。

3. 超标蓄排及出流管制

超标蓄排系统主要包含：主干道大排水系统（如秦皇大道等）、大型绿色基础设施（如中心绿廊与中央公园、创新港绿楔、调节塘等）、泵站及泵前池、末端受纳水体等（图2-53）。

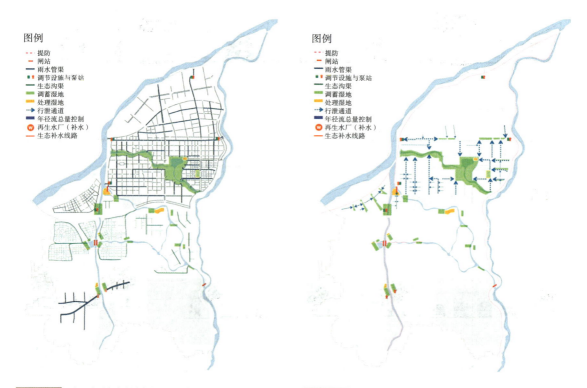

图2-52 沣西新城海绵城市雨水管渠系统　　图2-53 沣西新城海绵城市超标蓄排及出流管制系统图

4. "三水"净化与循环系统

沣西新城人均水资源占有率极低,水资源是限制未来城市发展的瓶颈之一。为缓解未来城市发展的缺水困境,沣西新城着力构建"雨水""再生水""地表水"三水净化与循环系统(图2-54)。

三水净化与循环系统的核心要点为:

(1)充分利用雨水资源补充水体景观(中心绿廊和中央公园、创新港绿楔、新渭沙湿地等)、河道基流(新河、沙河)、绿地及道路浇洒,通过雨水模块、雨水池等设施尽可能实现雨水资源就地回用;

(2)构建完善的污水收集、处理及回用系统,提升污水厂深度处理工艺,最大限度提供再生水资源;

(3)构建完善的再生水回用系统,将再生水作为除雨水外景观水体、河道基流最重要的补水水源;通过构建完善市政中水管网,充分回用于市政绿地及道路浇洒、洗车、小区冲厕及浇灌等;

(4)地表水作为自然水文循环的核心环节,对水生态、气候调节等均具有重要作用。一方面须采取源头减排、过程截污、末端处理(前置塘、尾水处理湿地)等措施保障地表水水质,同时可利用雨水、再生水进行地表水回补;另一方面,为实现城市水资源空间分布的均衡,可利用地表水对景观水体、内部水系进行合理补充。

对于现状污染较严重的新河而言,除上述雨水径流源头减排到末端治理的措施外,还可从流域角度出发进行水环境整治。总体治理策略如图2-55所示。

通过分析新河水体来水水质、流量、上游汇水区污染源状况,开展污水厂提标、排污口关停等截污控源措施,同时按新河最不利水质监测数据及最大雨季流量作为水质处理的进水设计指标,设置生物滤池、人工湿地等一系列水质处理工程,保障新

图2-54 沣西新城海绵城市"三水"循环系统图

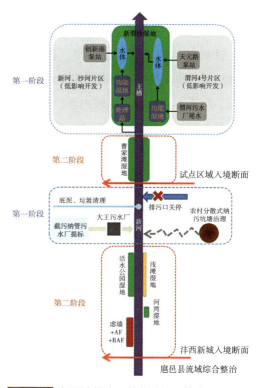

图2-55 新河流域水环境总体治理策略图

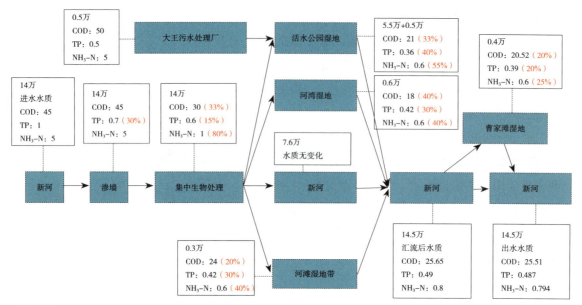

图2-56 试点区域外新河水处理工程工艺流程图

河试点段水质全面达标。技术路线如图2-56所示。

2.4.5 核心区系统方案

沣西新城核心区东临沣河、西至渭河，北至老西宝高速，南至西宝高速新线，区域范围48.42km²，非建设用地占地面积约65%，主要水域为渭河、沣河、新河及沙河断流水面，城镇化率低，生态本底较好。区域内含沙河古桥遗址一处。

核心区规划用地组团包含：创新港、信息产业区、综合文教区及服务核心区（图2-57）。规划用地以城市建设用地为主，同时构建以自然水系、中心绿廊、环形公园、街区公园、道路绿地为核心的城市多级开放空间与绿地骨架。

核心区主要包含10个排水分区，其中渭河5号片区、渭河8号片区、沣河3号片区为建成区共有排水分区（图2-58）。沣西新城海绵城市试点申报之初，结合城市建设时序，从核心区内划分22.5km²作为试点范围。试点范围主要包含在新河北1片区（试点面积5.29km²）、绿廊片区（试点面积6.45m²）、渭河1号片区（试点面积6.17km²）、渭河2号片区（试点面

图2-57 核心区功能区划分（引用自分区规划）

图2-58 沣西新城试点区排水分区

积1.72km²）、渭河8号片区（试点面积2.15km²）及沣河2号片区（试点面积0.72km²）六个片区内（图2-58）。

1. **核心区海绵城市建设目标**

（1）总体实现年径流总量控制率85%，TSS污染削减率60%；

（2）消除区域积涝点，远期构建不低于50年一遇的内涝防治系统；

（3）绿廊片区、新河北1号片区、沙河北1号片区、沣河1号片区结合自然本底及规划绿地条件实现30年一遇1440min峰值流量不发生改变；

（4）实现污水再生利用率、雨水资源化利用率指标；

（5）以试点区域为核心打造沣西新城海绵城市建设样板。

2. **总体建设方案**

按照源头减排、过程输送，超标蓄排及出流管制系统思路，综合本底问题及未来发展目标，围绕沣河、中心绿廊、新渭沙湿地、沣河污水厂、渭河污水厂等为核心的"三水"循环系统。系

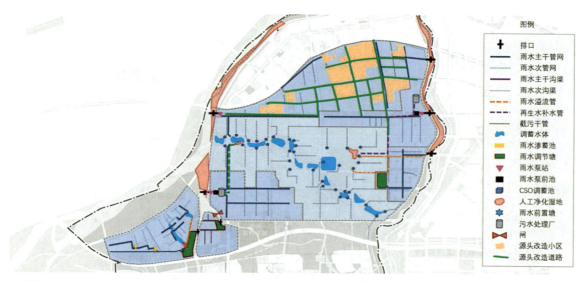

图2-59 核心区海绵城市总体建设方案

统总平面见图2-59。

（1）源头减排

综合考虑各排水片区内水资源、水环境、水生态、水安全等方面问题和需求，结合各片区用地类型、建设难易程度、不透水面积比例和绿地率等因素确定各排水分区年径流总量控制率目标，如图2-60所示。

图2-60 核心区年径流总量控制率指标分解图

（2）过程输送

原沣西新城雨水工程专项规划中，由于受到管道初始埋深要求及地形的影响，渭河及沣河流域管网系统末端规划均设置有大量提升泵站，运行能耗大。为充分利用地表径流，使其汇入规划公园绿地、自然下沉空间，结合规划及现状管网建设情况，调整雨水管网。

调整管网后的总体平面布局如图2-61所示。

为使远期场地开发时避免雨水通过管网直排，片区场地开发后雨水排水总管的底标高相对场地平均地坪标高−1.8m～−1.5m以上接入道路市政管网，同时市政给片区地块预留雨水接驳井不得超过4个，片区总排口的接驳管径不超过排口管径控制要求（图2-62）。

（3）超标蓄排及出流管制

核心区超标雨水径流蓄排系统主要包括道路行泄通道、红线外调蓄绿地、强排泵站、末端水体（渭河、沣河、新河）等。暴雨时，管网排放不及时，雨水在地表排放或调蓄，主要超标径流蓄排空间见图2-63。

图2-61 核心区雨水排水管渠系统平面图

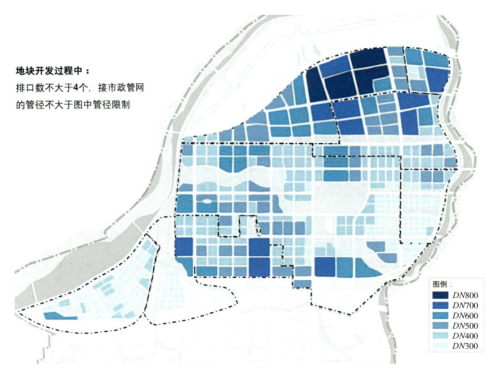

图2-62 核心区地块市政接驳管道排口管径限制示意图

图2-63 核心区超标蓄排系统平面图

根据50年一遇积水内涝情况分析，部分较严重积水点结合周边公园绿地、道路红线外绿地进行超标蓄排系统设计。

（4）三水循环

构建完善的城市污水厂网系统，进一步完善再生水厂、再生水管网布局。

充分利用再生水作为沣西新城新渭沙湿地、中心绿廊及中央公园等绿地调蓄系统枯水期的主要补水水源，实现区域雨水、污水与再生水、地表水的三水循环，构建核心区综合水系统，见图2-64。

1）市政杂用水需求

沣西新城核心区远期市政杂用水需求主要为：市政绿地浇灌、道路浇洒及景观水体生态补水。用水需求量测算表见表2-18。

图2-64 核心区三水循环系统示意图

沣西新城核心区市政杂用水需求测算表　　　　表2-18

序号	用途	面积（hm²）	用水量指标（万m³/km²·d）	日需水量（m³/d）	年需水量（万m³/a）
1	绿地浇灌	233.25	0.15	3498.75	64.73
2	道路浇洒	548.15	0.25	13703.75	283.67
3	绿廊补水	—	—	—	263.10
4	绿楔补水	—	—	—	78.61
5	合计	781.4		17202.5	690.10

2）非传统水源利用

基于雨水回收利用潜力提出不同用地类型项目的雨水回收利用下限指标，作为推荐性指标纳入规划管控条件：工业类项目、公建类项目及住宅类项目每公顷用地面积分别设置不小于35m³、30m³、25m³的雨水回用设施如图2-65所示。

作为沣西新城大型绿色基础设施，绿廊及中央公园、创新港绿楔远期汇水面面积及雨水资源化利用率见图2-66。

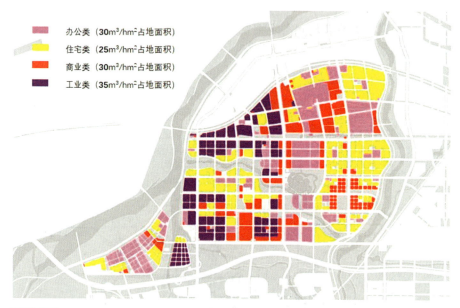

图2-65 核心区源头地块雨水资源化利用下限指标

图2-66 大型绿色基础设施雨水资源化利用平面示意图

再生水：绿地灌溉主要采用中水管网就近取水，道路浇洒主要采用洒水车从中水管网取水点取水。考虑远期中水用水管网普及，大量建设地块将引入中水作为杂用水水源，再生水利用率将达到40%以上。

污水厂与再生水资源总体平面布局如图2-67所示。

图2-67 沣西新城污水厂与再生水资源化利用总体平面分布图

2.4.6 核心区绿廊片区海绵城市建设方案

1. 分区概况

绿廊片区是核心区独立排水分区，将绿廊作为片区末端受纳水体，片区面积合计1393.52ha。

绿廊排区下垫面主要为农田和较少部分村落。北至沣景路，南临西宝高速，西侧沿渭河沿岸，东侧至白马河路，东南侧部分延伸至沣柳路，主干道秦皇大道位于绿廊中央，贯穿南北，片区内现有晏家村、东马坊村、八里庄村等。绿廊片区规划以公园绿地、行政办公用地、教育科研用地为主。

2. 分区问题及特点

绿廊片区内有1处积水点，位于秦皇大道南段与开元路交叉口西南。片区开发程度较低，现状雨水管网建设不健全。

远期随开发程度提升，污染风险仍会成倍增加，加剧末端受纳水体水质污染。以COD为污染负荷评价指标，代入本底降雨特征下的COD_{EMC}值，测算开发前后下垫面条件下的COD污染负荷，开发后径流污染负荷增加约3倍，如表2-19所示。

绿廊片区开发前后污染物负荷计算表 表2-19

片区	面积/ha	径流系数（开发前）	污染物负荷/CODt（开发前）	径流系数（规划）	污染物负荷/CODt（开发前）
绿廊片区	1393.52	0.24	164.64	0.58	511.29

3. 分区建设方案

针对绿廊片区，首先对源头进行年总量控制，缓解排水管网负荷，雨水设施底部渗排雨水及溢流雨水均通过市政雨水管网接入绿廊。

（1）源头减排

根据绿廊片区的场地竖向条件、土壤特性及规划用地性质等，对绿廊片区源头地块进行指标分解，增加绿廊作为末端的汇入水量（图2-68）。

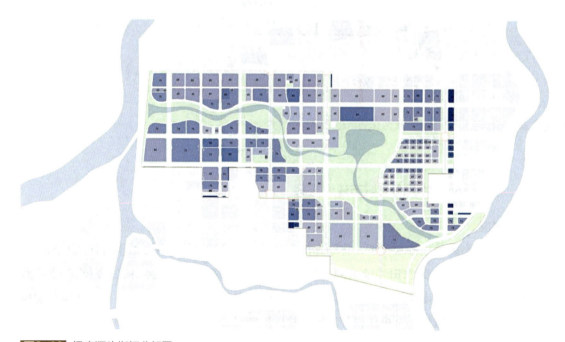

图2-68 绿廊源头指标分解图

经模型分析，源头控制率目标为70%时，末端汇入中心绿廊及中央公园的年雨水径流总量为86.9万m³，雨水资源利用效果明显。

（2）过程控制

为尽可能多地收集中心绿廊周边区域雨水，充分发挥中心绿廊雨洪调蓄枢纽作用，优化沣西新城雨水排水工程规划，最大程度增大中心绿廊的汇水面。调整前后的中心绿廊汇水面积如图2-69所示。

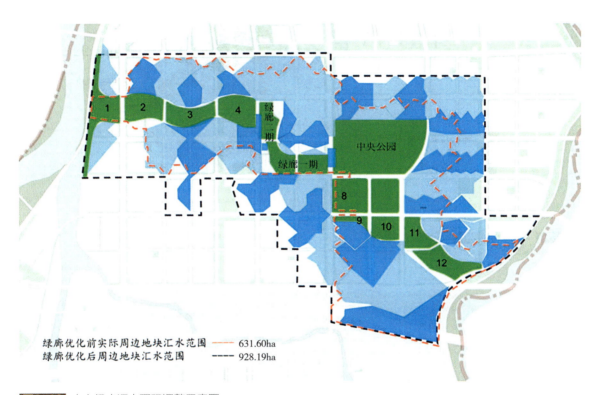

图2-69 中心绿廊汇水面积调整示意图

绿廊片区规划地表竖向标高为388.0~390.5m，管网优化调整后片区合计雨水排口43个，排口底部高程基本为384.0~384.5m。排口情况如图2-70所示。

管网优化调整后，绿廊片区排水管网、雨水泵站及排口如图2-71所示。

（3）超标暴雨内涝防治系统

绿廊片区通过中心绿廊和中央公园多功能调蓄，可在100年一遇的降雨情况下完全接纳片区内的超标径流，不外排，中心绿廊及中央公园驳岸两侧无防渗，超标径流超过常水位高度后从两侧驳岸或渗透塘快速下渗，在有效利用雨水资源补充景观水面的基础上，充分保障片区洪涝安全（图2-72）。

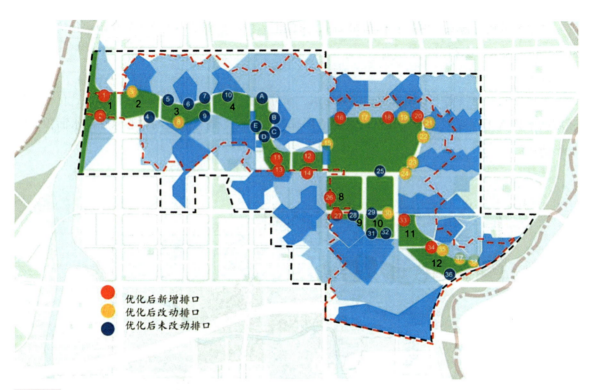

图2-70 中心绿廊排口调整示意图

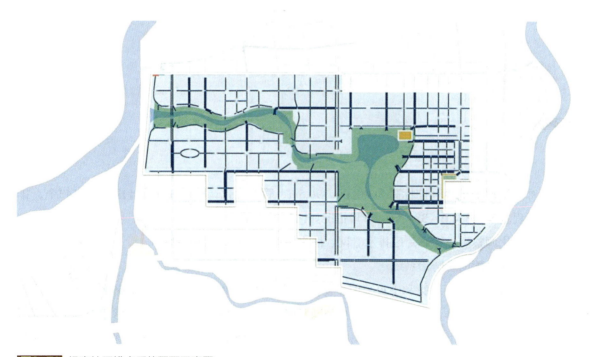

图2-71 绿廊片区排水系统平面示意图

图2-72 绿廊片区超标暴雨内涝防治系统图

4. 重要基础设施详细方案

（1）调蓄目标设定

中心绿廊主要雨量控制目标包括：1）片区年径流总量控制率要求下的源头总量控制；2）片区50年一遇重现期条件下径流量不外排；3）有效应对100年一遇暴雨条件下的洪峰流量削减。

片区总的汇水面积1393.52hm²（含绿地及水体面积，水体面积以50hm²计算，绿地面积初步以275hm²计），考虑到远期绿廊片区各地块均会按照海绵城市要求进行建设，计算绿廊调蓄雨量时按源头实施低影响开发雨水系统考虑。根据沣西暴雨强度及雨型分析，100年一遇日降雨量按118.7mm计，对汇水面积、绿地面积及水体面积的产流进行汇总计算，100年一遇重现期条件下，扣除场地源头削减径流总量及未能进入中心绿廊的超标径流，绿廊需调蓄的雨水量约65.4万m³，具体计算如表2-20所示。

绿廊调蓄雨水量计算 　　　　　　　　　　表2-20

地表类型	面积/ha	汇流总量/m³
源头场地	1118	561899.5
绿廊绿地	225	32562.0
绿廊水体	50	59350.0
合计	1393	653811.5

（2）常水位及调蓄深度设定

考虑到绿廊片区雨水排口标高基本在384.0～384.5m，为保障绿廊片区各排区对应排口的排水顺畅性，尽可能保证大多数排口为自由出流，设定绿廊片区的常水位标高为384.0m（根据水量平衡计算分析，同时考虑绿廊水体水质保障效果，常水位水深设置为1.5m），有效调蓄深度设定为1～1.5m，极端暴雨情况下通过西侧咸户路，东侧天雄东路及天府路溢流口应急排放（图2-73）。

（3）景观保障

通过对中心绿廊在不同防洪标准下淹没情况的模拟，判定中心绿廊范围内有20%的用地为常水位的景观水体区域（旱季时为非连续性水面），5.7%为长时间淹没区（20年一遇淹没区），8.5%为高等级的洪涝调蓄区用于100年一遇的洪水调蓄，剩下65.8%的区域则为无淹没风险区（不包括极端的降雨情况）。绿廊景观系统依据洪水适应性进行设计，从内向外分别为常水面、河漫滩、洪泛区及休闲绿地，依次选择水生、湿生、稀树、灌丛、草地、生产性种植等植被种植，有效保障绿廊景观效果。

（4）补水及循环

绿廊远期补水主要通过雨水及再生水补水，其中沣河污水处理厂日均2000m³的中水通过再生水管网补水至绿廊的中心公园；渭河污水处理厂日均1000m³的中水通过再生水管网补水至绿廊的西段与中段。经过水量平衡分析计算，首年年补水量91万m³，次年年补水量70.17万m³，年均雨水回用量86.9万m³。补水及水位变化曲线见图2-74。

图2-73 中心绿廊水面及断面示意图

图2-74 绿廊远期补水及水位变化曲线示意图

补水条件完备后，位于兴园路、绿廊二期、同文路的三个小型循环泵站，在片区内形成三个小型的联动水体，增强绿廊的整体水体动力循环，保持水面的流动性和自净能力（图2-75）。

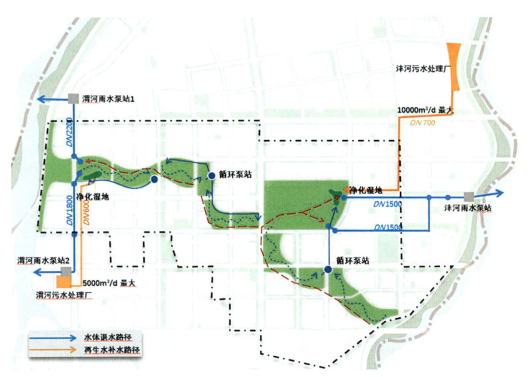

图2-75 绿廊远期补水及水体循环示意图

2.5 试点区域建设

沣西新城海绵城市试点区域位于新城核心区,试点面积22.5km²,试点项目77个,海绵城市专项总投资27.06亿元。试点区域以新建城区为主,主要包括建筑与小区、市政道路、公园绿地、城市水系等用地类型,涵盖源头低影响开发建设、污水处理及再生回用、水环境保护与水生态修复等77个项目,是具有典型代表性的建设新区。

2.5.1 科学划定子汇水分区

沣西新城以河湖水系、自然地形为基底,科学划定试点区域汇水分区,同时考虑绿地、交通、重大绿色基础设施布局等特征,系统划分了6个子汇水片区及1个项目核心示范片区,以内涝风险防治、面源污染削减及水资源有效利用为目标导向,对试点区域进行了源头减排、过程控制、末端调蓄、系统治理等方面建设任务的合理分解及项目落实。

试点范围内划分排水分区共计6个:新河片区、渭河1号片区、绿廊片区、渭河2号片区、沣河2号片区、渭河8号片区(图2-76、表2-21)。

图2-76 沣西新城试点区排水分区(项目图)

沣西新城试点区排水分区基本情况　　　　表2-21

序号	流域（汇水分区）	排水分区	试点占地面积（km²）	开发现状
1	新河流域	1#片区（新河片区）	5.25	开发程度低
2	渭河流域	2#片区（隶属于渭河1号）	6.17	开发程度低
3		3#片区（隶属于绿廊片区）	6.46	开发程度低
4		4#片区（隶属于渭河2号）	1.73	开发程度较高
5		6#片区（隶属于渭河8号）	2.16	开发程度较高
6	沣河流域	5#片区（沣河2号片区）	0.73	开发程度低

2.5.2 实施策略

通过规划评价、现场踏勘、历史调查、遥感解译及现状问题诊断，沣西新城将试点区6个汇水片区归纳成3种不同类型。1#和3#两个片区考虑产业规划要求，以末端集中调蓄枢纽及重点海绵城市项目开发建设为主要目标，通过雨水、再生水及地表水的调配实现生态补水需求平衡。2#和5#两个片区现状开发程度较低，以污水厂、管网及泵站建设为主要目标，重点解决农村污水散排引起的水质污染与末端排水问题。4#和6#两个片区现状开发程度较高，以老旧小区海绵化改造、道路海绵化改造、管网排水能力提升及积水点整治为主要目标。六个片区通过项目系统组织，从源头减排、过程输送、末端蓄排、河道水系治理、"三水"净化及循环利用等方面形成有效衔接，为未来海绵城市建设长期建设充分预留有利空间及竖向条件，同时有效解决试点区域面临的核心雨水问题及矛盾（图2-77、图2-78）。

图2-77 试点区域子汇水片区水系统问题特征

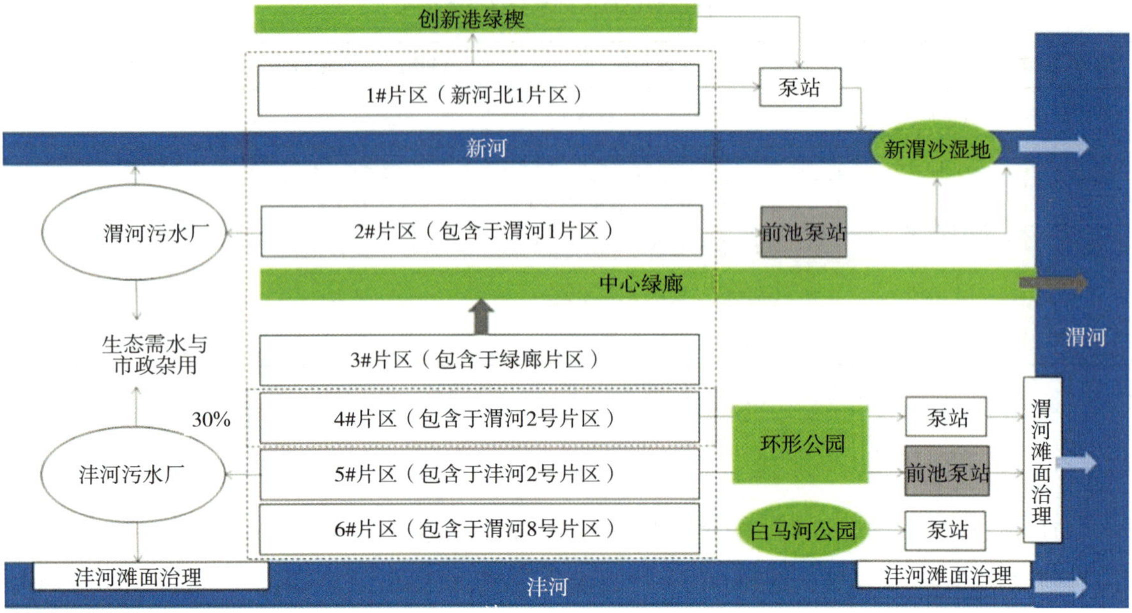

图2-78 试点区域各汇水片区及节点项目系统组织关系

第3章　沣西新城海绵城市建设推进策略

海绵城市建设涉及部门众多，要将科学的系统建设思路落到实处，必然会面临管理、资金、技术、人才等方方面面的困难，必须在组织保障、协同合作、创新机制等方面协同推进。

陕西省委省政府高度重视海绵城市建设工作，在全力支持西咸新区成功申报国家试点后，将海绵城市建设列入省政府战略部署及刚性任务，2015年10月在西咸新区召开全省海绵城市建设工作推进会，2016年3月陕西省办公厅下发《关于推进海绵城市建设的实施意见》，为有序推进海绵城市建设保驾护航。

沣西新城作为西咸新区国家海绵城市建设试点承载区，结合实际先行先试，在体制机制、技术体系、绿色金融、效果评估、社会参与等方面积极创新，多措并举，统筹解决好"四个关系"，建立"五大保障体系"，形成一套完善的适宜新城海绵城市建设的高效推进策略，全力保障海绵城市建设有序开展。

3.1　先行先试，两位一体，构建务实高效的组织保障体系

为了高效推动全域海绵城市建设，沣西新城充分发挥体制优势，建立"管委会牵总—行业部门领导—专职机构主办"三级"扁平化"管理架构，财权与事权集中统一便于资源有效配置，将海绵城市纳入基础建设行政审批程序进行项目全周期管理，在"审批内容上做加法、审批时间上做减法、管理服务上做乘法"，提升服务水平，放大服务效能，审、建、管统筹推进，为海绵城市试点建设和长效实施建设提供了强有力的组织保障。

3.1.1　上下联动，创新机制，搭建扁平化组织框架

为了高效整合海绵城市建设相关部门、各专业及各项建设工作力量，西咸新区坚持新区、新城两级管委会上下联动，新区宏观规划决策，新城具体统筹落实，创新构建了涵盖领导层、管理层和实施层三级扁平化组织机构，全面实现了对海绵城市试点建设工作的系统管理和统筹协调（图3-1）。

图3-1 西咸新区海绵城市试点建设组织框架

1. 领导层：上下"一把手"工程，高效责任落实

国家海绵城市建设试点申报工作启动之初，西咸新区积极响应部委号召，第一时间召开申报工作专题会议，部署申报工作，建立了沣西新城牵头，新区主要领导负责，各行业主管跨部门协调的高效工作机制。在国家部委和陕西省委、省政府的关心和帮助下，沣西新城代表西咸新区成功获批第一批国家海绵城市试点。为确保海绵城市试点建设工作的顺利推进，以试点申报领导小组的架构为基础，西咸新区及沣西新城两级管委会同时成立"海绵城市建设试点工作领导小组"，并建立联席会议制度，实施"一把手"工作，由新区（新城）党工委书记、管委会主任任领导小组组长及联席会议第一召集人，负责安排部署顶层重大事项决策。在新区层面，以各核心行业主

管部门"一把手"为领导小组成员，严格明确职责分工。在新城层面，领导小组分规划组、项目组、技术组、资金保障组、宣传协调组和考核督导组等六个职能组，职能组组长分别由核心业务主管部门"一把手"担任，分别负责海绵城市的规划设计、项目推进、技术服务、资金保障、宣传推广及绩效考核等全面工作。行业主管部门对具体工作组提供行业指导，上下联动，形成从规划、建设、技术、财政、宣传、考核等为一体的闭环工作体制。领导小组以定期工作例会形式全面整合各方力量，形成工作合力，共同推进海绵城市建设工作（图3-2）。

2. 管理层：海绵办联控联调、高效运作

海绵城市试点工作时间紧迫、千头万绪，新问题层出不穷，既有重要性差别，也有管理和技术之分，只有管理层面的决策管理与统筹是远远不够的。为了实现海绵城市领导小组各项决策部署的高效、专业落实，保障试点工作有序推进，沣西新城第一时间组建高效运作的专职机构，在领导小组下设海绵城市办公室（简称"海绵办"）承担日常海绵城市建设管理工作（图3-3）。

沣西新城任命管委会分管城市开发建设副主任担任海绵办主任，财政、建设、规划、市政和海绵城市技术中心等部门负责人为副主任，全面部署管控海绵城市试点建设与推进，主要负责组织协调、督促落实、督查考核等工作，并将规划编制、项目建设、资金保障、技术支撑、综合协调等职能明确到相应的责任部门和人员，定期组织督办与考核（图3-3）。海绵办职能架构设置于各核心业务职能部门之上，可直接有效统筹调动各职能部门与建设单位，通过海绵办专题会议与现场办公会等方式，一方面督查督促试点建设进度，把控工程质量；另一方面协调解决海绵城市建设过程中存在的如征地拆迁、电缆迁改等主要难题和障碍（图3-4）。作为城市开发新区，建设职能管理相对集中，沣西新城以海绵办作为海绵城市试点建设联控联调的纽带，在海绵办的统筹下实施大部制，建立联席会议制度、信息统计报送制度、监督检查督导机制、绩效考评机制等协调联动机制，各职能单位各司其职，通力合作，有效打破部门壁垒，解决了行政分割，构建起高效协同、全力推进海绵城市建设的良好工作格局。

图3-2 领导小组组长现场督查指导

图3-3 海绵办主任现场督导

图3-4 召开海绵办会议,协调解决推进过程中的重大问题

3．实施层：常设专职专业职能机构，长效服务管理

沣西新城从接触海绵城市理念之初，就深刻认识到将雨水资源利用好是一个西北城市创新城市发展方式的有效途径。基于这种认识，从前期的规划设计到后来的试点建设，沣西新城将培养自身技术团队，掌握自主核心知识，提高政府风险防控能力，作为试点建设的又一重要目标。在具体实施层面，组建全国第一个海绵城市技术联盟，成立全国第一个海绵城市技术中心，作为专职技术管理服务机构，采用"本地核心专业人才主战+领军咨询团队指导"的方式，承担海绵城市试点建设的统筹推进任务与技术服务工作（图3-5、图3-6）。为了建设一支凝聚力强、基础知识扎实、协调管理水平高的专业团队，集中、高效、持续推动海绵城市建设，沣西新城在筹组沣西新城海绵城市技术中心时进行了统筹谋划。一方面从建设、规划、工程管理等部门直接抽调业务骨干，另一方面从社会招聘相关专业资深设计工程师及海外工作经历人员，涉及市政给水排水、水土保持、景观园林、土木工程、建筑学、材料学等多学科专业人才，定岗定责定编，以专业人才队伍高质量、高标准推进海绵城市建设。

在沣西新城海绵城市建设管理组织架构中，海绵城市技术中心平行于其他各职能部室，与海绵办合署办公，行使海绵办权力。其工作职责主要有以下五方面：

1）负责研究制定海绵城市建设管控相关制度、海绵城市建设年度实施计划、投资计划及项目年度预算，并对项目建设单位提交的资金拨付申请进行审核；

2）负责海绵城市建设项目方案论证、图纸审查、现场技术指导、项目验收及督促协调，组织开展海绵城市建设专项考评工作；

3）负责海绵城市技术攻关、应用基础研究、监测评估等工作，形成沣西本土特色技术标准体系；

图3-5 海绵城市技术中心合影　　图3-6 海绵城市技术中心成立文件

4）负责海绵办日常管理事务，组织各有关部门（单位）定期召开联席会议，解决海绵城市建设中存在的问题，确保项目快速有效推进；

5）负责海绵城市建设技术合作与交流、宣传培训、成果展示等工作。

为了更好分配工作，充分发挥"技管一体"职责，提高效率，海绵城市技术中心在部门内部划分为四个职能组，即综合组、设计组、现场组和研究组，制定职能细则，明确具体工作。其中，综合组负责海绵城市建设年度实施计划制定与考核、专项资金拨付审核、内部联席会议组织、材料编撰及对外交流宣传工作；设计组负责编制海绵城市相关规划、实施项目方案设计与施工图纸审查、技术服务等工作；现场组负责工程项目施工现场技术指导、定期项目督查、海绵城市专项验收及督促协调；研究组负责海绵城市应用基础研究项目督查推进、示范应用指导、成果审核申报及应用推广、项目建设经验总结及技术标准编制等工作。在一个项目的全周期中，海绵城市技术中心各职能组均可切入。

四个职能组分类管控、齐头并进，对海绵城市建设项目进行管理与服务，确保各项目建设阶段环环相扣、实施有序。

4．海绵办与海绵城市技术中心"两位一体"长效推进

为了保证试点建设工作更加直接高效，沣西新城跳出传统管理思维，充分发挥体制优势，将管理和技术服务职能充分融合，创新建立了"海绵办+海绵城市技术中心"两位一体的运作模式，从城市规划、工程设计和建设、验收、运营维护等方面提供全周期管家式的技术服务与现场指导，建立全过程管控模式，有力保障海绵城市建设科学落地。

两位一体的内涵与特点：

沣西新城开发建设初期，管委会与开发建设集团公司以"政企合一"体制运行，管委会主任兼任集团公司董事长，按照"精简、高效、服务"的原则，建立海绵办与海绵城市技术中心"两位一体"的运作机制（图3-7）。

海绵办具有较高规格的领导与协调权限，其权、责、能相互支撑；海绵城市技术中心作为实施层直接向"一把手"负责，严格落实领导小组决策部署，承担统筹协调与管理服务的职能，扮演"管理者+服务管家"的双重角色。海绵办、海绵城市技术中心"两位一体"开展工作，在组

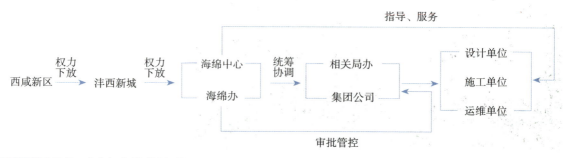

图3-7 "两位一体"运作模式流程图

织协调、督促落实、督查考核,实现业务统筹、消除部门壁垒上有重大优势。在项目实施中,从海绵办决策制定到项目建设方落地执行只需两个层级,决策执行效率高,信息传递反馈迅速,可极大提高问题解决率,使规划、建设、管理、财政、技术服务及宣传支撑高度集中,实现科学、有序、高效推动海绵城市建设工作目标。

管理者:在行政管理环节,海绵城市技术中心负责组织海绵办联席会议或现场推进会,集中协调解决建设过程中的审批、投资、土地、进度等重大事项,定期巡查通报,绩效考评,保证信息流从上至下全线畅通。在行政审批环节,海绵城市技术中心受海绵办委托承担试点项目海绵城市专项方案与施工图审查工作,履行"两证一书"办理环节中的海绵城市技术把控。在验收环节,承担项目监督管理职责,负责对海绵城市专项工程项目进行验收确认;在运维环节,负责运维主体责任划分与日常监管,统筹管控,避免"重建设,轻管理"现象发生;在后试点时代,负责全域推进海绵城市建设,常态化开展建设管理工作。

服务管家:在试点项目整体推进过程中,海绵城市技术中心从规划设计管控、统筹推进、项目设计及审查、技术革新与研究示范、现场技术服务、专项巡查、运营维护等海绵城市建设不同阶段,为管理者、设计者、建设者、施工队伍、维护运营单位,提供多样化复合供给服务;同时,聚焦项目工程建设,深入一线,真正把情况搞清楚,把症结搞明白,采取有力措施,及时协调解决问题,实现海绵城市建设工作的高效协调运转。同时承担沣西新城海绵城市技术革新与开发,推动本土化适宜技术标准的形成(图3-8)。

图3-8 海绵城市技术中心现场技术服务

3.1.2 建章立制,高效建管,保障海绵城市建设长效推进

为了确保海绵城市理念在城市开发建设中予以落地,成为政府自觉行为,实现海绵城市建设的常态化、系统化规范实施,沣西新城制定了一系列海绵城市相关管理机制,建立了涵盖管控主体、管控环节及管控落实三个层面的管控制度体系,明确了各级规划与海绵城市建设要求的衔接方式,将海绵城市管理要求指标审查纳入现有的项目规划管控体系,建立了从建设、验收到运维的全流程管理制度体系,实现从试点探索模式逐步过渡到"一套流程管项目"改革体系,纳入"3450"行政审批程序,确保海绵城市建设长效推进(图3-9)。

1. 制度管控

西咸新区、沣西新城两级管委会分别制定了从前期行政指引、过程管控、资金管控到绩效考核等一套完善的制度管控体系(图3-10)。

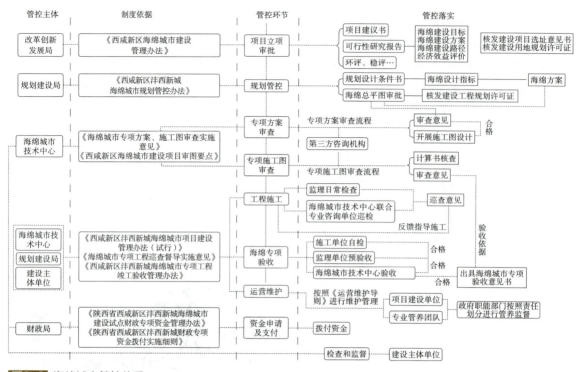

图3-9 海绵城市管控体系

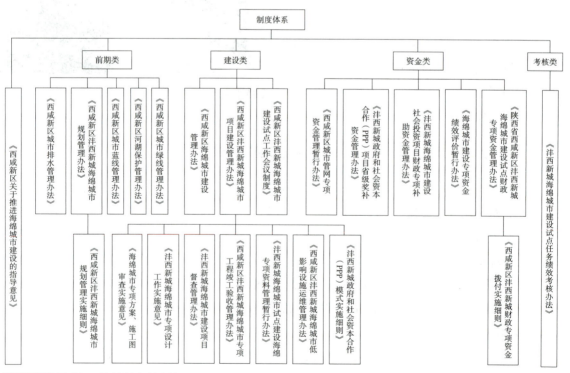

图3-10 西咸新区海绵城市制度体系

（1）总体实施层面

出台《关于推进海绵城市建设的指导意见》，以规范性文件明确海绵城市建设指导思想、总体思路、工作目标、重点任务等，对海绵城市建设工作总体安排部署，明晰责任边界。

（2）前期规划管理

前期管控类制度共计6项。一是明确城市蓝线、绿线及河湖保护区划定基本原则、管理方法和监管责任部门；二是对城市排水设施的规划、建设、管理和维护提出具体要求，规定城市排水管理基本流程，明确职责；三是明确将海绵城市要求融入规划管控的具体环节，对海绵城市设计方案审查依据、流程及结果应用作出规定。

（3）项目建设过程管控

出台《海绵城市规划建设管理办法》并配套工程技术管理、项目建设管理督查等相关政策6项。从项目设计、施工、验收及运维等方面出发，构建涵盖项目全周期的管控体系。明确海绵城市建设项目施工图及设计审查要点、施工管控重点、验收流程及运维主体、运维资金来源和运维监管方式。

（4）资金管理

资金管理类制度6项，制定专项资金使用流程及分类监督管理办法，并对社会投资类项目及PPP项目资金补助方式进行明确，建立相应激励措施。

（5）考核制度

将海绵城市建设纳入管委会年度专项绩效考核体系，同时列入省—新区—试点—管理单位—建设单位多级专项（河长制、生态文明、海绵城市专项等）考核体系，由海绵办会同考核办联合执行，年度考核统一扣减与奖补。

2．规划管控

在项目规划管控阶段，西咸新区将海绵城市建设指标纳入规划管控各个流程，全面落实海绵城市指标（图3-11）。

沣西新城将海绵城市建设纳入基础建设行政审批程序与项目全周期管理，在"审批内容上做加法，审批时间上做减法，管理服务上做乘法"，将海绵城市项目建设审批纳入"3450"综合行政审批效能管理体系，并联审批，将立项到施工许可发放整个流程缩减至50天。整体嵌入建设过程经历了示范项目尝试、第三方联合审查、独立审查、新区全面审查等几个阶段，完成了整个程序流程的构建。

（1）规划设计条件

规划建设管理部门在出具项目规划设计条件书中列明海绵城市控制性指标（年径流总量控制率、径流污染控制率）及引导性指标（透水铺装率、绿色屋顶率、雨水资源回用率等），作为国土管理部门土地出让前置条件。

（2）项目选址意见书

针对划拨用地，建设单位在办理项目选址意见书时，提交项目选址论证报告等前期资料均须

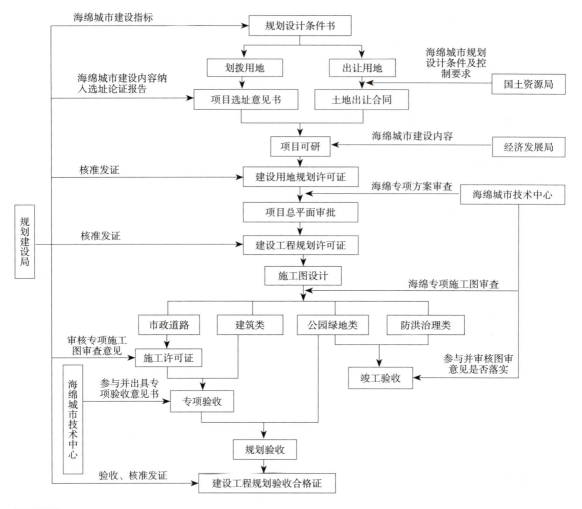

图3-11 规划管控流程

将海绵城市建设纳入基本内容,对缺少海绵城市建设内容的项目,规划建设管理部门不予核发项目选址意见书。

(3)建设用地规划许可

申请人所提交的项目立项、环评等前期资料均需纳入海绵城市建设内容,对缺少海绵城市建设内容的项目,规划建设管理部门不予核发建设用地规划许可证。

(4)建设工程规划许可

在项目总平面审批阶段新增海绵城市总平面图审批,将海绵城市设施布局在项目总平面内。建设单位在办理海绵城市总平面审批时,须完成海绵城市专项设计方案审查并取得审查意见合格表。对未通过设计方案审查的项目不予办理项目总平面审批及海绵城市总平面审批。

在建设工程规划许可办理时,需提交海绵城市总平面图,对未通过规划审批的海绵城市总平面项目,不予核发建设工程规划许可证。

（5）施工许可证

市政类项目将海绵城市专项施工图审查意见作为施工图备案重要材料,作为施工许可证发放前置条件。

（6）规划验收

市政道路及建筑类海绵城市建设项目完成专项验收后,持海绵城市专项工程验收意见书方可申请规划专项验收。

公园绿地及防洪治理类海绵城市项目无需专项验收,但项目竣工验收时,由海绵办审核项目设计文件是否按照专项施工图审核意见进行修改,未完成修改的验收不予通过。

3．建设管控

试点初期,市场缺乏技术成熟的设计、施工及监理单位,为确保海绵城市工程质量,海绵城市技术中心协同第三方技术咨询单位提供全方位"保姆式"服务（表3-1）。

建设管控制度汇总表　　表3-1

制度名称	管控内容	发文机关
《西咸新区海绵城市建设管理办法》	西咸新区各部门、下属各新城各园办海绵城市建设	西咸新区
《西咸新区沣西新城海绵城市项目建设管理办法》	沣西新城海绵项目各建设环节管控流程和具体要求	沣西新城
《海绵城市专项方案、施工图审查实施意见》	海绵专项工程方案及施工图审查流程及要求	沣西新城
《沣西新城海绵城市专项设计工作实施意见》	海绵专项设计开展要点及流程	沣西新城
《沣西新城海绵城市建设项目督查管理办法》	施工质量管控	沣西新城
《西咸新区沣西新城海绵城市专项工程竣工验收管理办法》	验收流程	沣西新城
《沣西新城海绵城市试点建设海绵专项资料管理暂行办法》	资料管理	沣西新城
《西咸新区沣西新城海绵城市低影响设施运维管理办法》	明确运维责任主体,运维资金来源,监管主体	沣西新城
《陕西省西咸新区沣西新城政府和社会资本合作（PPP）模式实施细则》	对PPP项目识别、准备、采购、执行以及移交各环节工作进行了规范	沣西新城
《陕西省西咸新区沣西新城海绵城市建设试点工作会议制度》	为海绵城市建设中遇到的各类综合性问题提供解决平台	沣西新城

（1）设计阶段

设计阶段围绕海绵城市专项工程专项方案审查及专项工程施工图设计审查两个关键环节开展工作。

海绵城市专项方案审查：建设单位依据《海绵城市专项方案、施工图审查实施意见》开展方案报审，按要求将项目方案设计、自评表、承诺书等有关文件提交审查部门。审查部门依据相关标准、指引、规范，对专项工程方案是否响应规划刚性指标（雨水年径流总量控制率，面源污染削减率）、引导性指标提出审查意见。审查通过后，出具海绵城市专项方案审查意见，作为建设工程规划许可证发放的前置条件。审查未通过，出具审查意见告知书，由建设单位组织设计单位依据审查意见进行修改完善，进入第二轮审查（图3-12）。

施工图设计审查：方案审查合格，设计单位完成施工图设计后，报送审查部门进行施工图审查。图审单位对施工图设计文件质量及相应深度要求进行审查，审查不合格的，出具专项审查意见告知书，并指导设计单位进行对标修改，修改完成后重新进入审核流程。审查合格的，出具专项施工图审查意见（图3-13）。

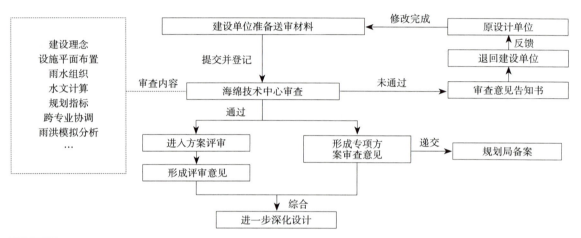

图3-12 海绵城市方案审查流程图

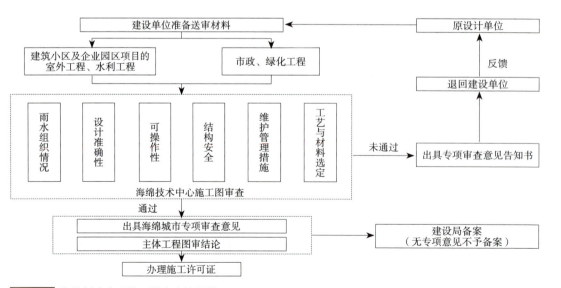

图3-13 海绵城市专项施工图审查流程图

市政道路类海绵城市专项工程的施工图审查意见作为建设工程施工许可证办理的前置条件；公园绿地类海绵城市专项工程的施工图审查意见作为项目验收的前置条件；建筑类海绵城市专项工程的施工图审查意见作为项目专项验收的前置条件。

（2）施工阶段

施工阶段重点围绕项目施工质量及进度控制开展管理工作，以海绵城市技术中心为主要技术服务单位，建立"一交到底"的交底制度以及施工全过程定期巡查制度（图3-14）。

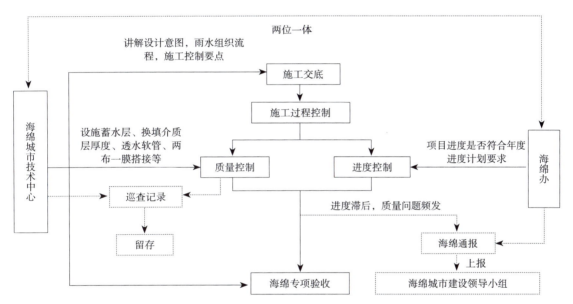

图3-14 海绵城市专项工程施工管控流程图

1）技术交底：

开工前，组织对项目建设、设计、监理、施工及劳务队伍主要作业人员，进行现场施工交底。一是协助施工单位明确设计意图，科学组织施工，确保工程质量；二是协助施工监理单位把握施工控制要点；三是现场演示重点工序、新工艺施工方法，协助劳务人员掌握新工艺操作要点。

2）施工过程服务监督：

海绵城市技术中心定期巡查项目施工质量、进度。对巡查中发现的问题及时纠偏，形成巡查书面记录。若情节严重，应要求现场立即停工整改，并向建设单位下发书面整改通知，建设单位完成整改书面回复海绵办，经复检合格后方可恢复施工。

每月进行施工进度专项巡查，形成海绵通报，报送领导小组，并发各参建单位（部门）。对严重影响项目推进且长期未能解决的问题，报领导小组专题会议研究解决。

（3）验收阶段

项目施工完成后，施工单位自检合格，报建设单位竣工验收。建设单位组织海绵城市专项工

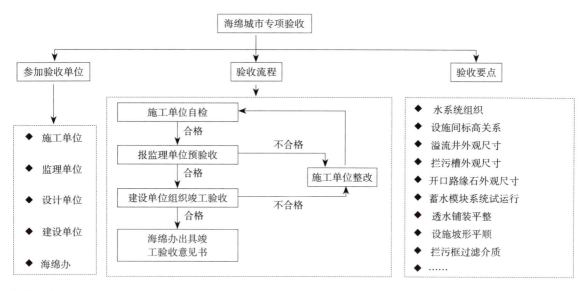

图3-15 海绵城市专项验收流程图

程竣工验收时，海绵办全程参与。重点对项目雨水组织，设施竖向及构筑物外观进行现场验收，验收合格出具《海绵城市专项工程竣工验收合格证》（图3-15）。

项目验收合格后，按照《西咸新区沣西新城海绵城市低影响设施运维管理办法》规定，各责任单位承担管养任务。针对不同管养单位管养水平参差不齐的现状，沣西新城编制出台《低影响开发运行维护导则》，对海绵城市设施运维频次及注意事项进行详细说明，解决运维技术问题。

3.2 协同创新，系统研究，构建一套科学适用的技术保障体系

协同创新，系统研究，建标立制是沣西新城科学开展海绵城市建设的重要保障举措。以政府为主导，构建"政产学研用"协同创新体系，建立一套适用于本土的技术标准，推动以问题和需求导向的技术创新，产业转化，激发全社会开展海绵城市建设的热情和动力，是沣西新城保证海绵城市建设科学落地的重要实现途径。

3.2.1 政府推动，构建"政产学研用"协同创新体系

1. "政产学研用"协同创新体系

沣西新城充分利用本地教育及人才资源，与建设单位、施工单位等各级主体积极构建"政产学研用"协同创新模式，采用"科研院所技术支撑+高校研究理论指导+生产企业技术配合+施工单位应用实践"的跨学科、多要素整合协同创新研究模式（图3-16）。

在城市开发建设过程中，沣西新城以政府需求和引导为切入点，鼓励各级社会主体投身海绵

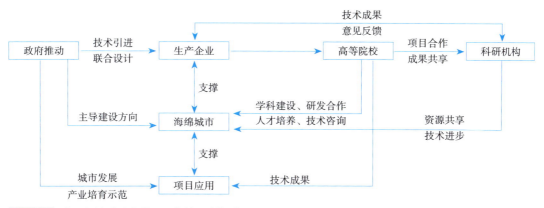

图3-16 沣西新城"政产学研用"协同创新体系

城市建设中。结合新形势下新区经济发展和产业布局，充分发挥新区吸纳、转化科技成果的市场与平台优势，积极对接省科技和行业主管部门及相关高校、科研院所，积极谋划、促成产学研深度合作平台构建实体化。同时，充分发挥新区国家首批"双创示范基地"在政策支持、资源聚拢、人才引进、成果孵化等方面先行先试的优势，组织相关高校、科研院所、生产企业成立"跨学科合作、多要素整合"的研究联合体，共同承担研究工作（图3-17、图3-18）。

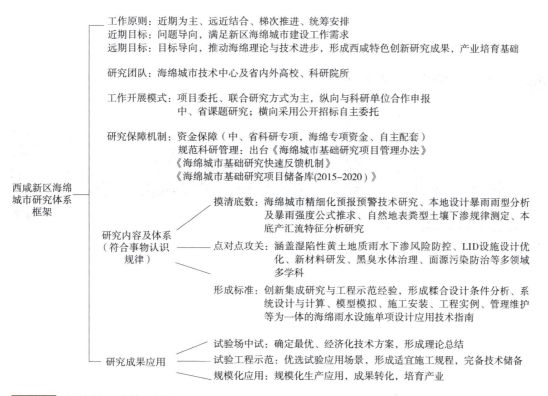

图3-17 海绵城市研究体系框架

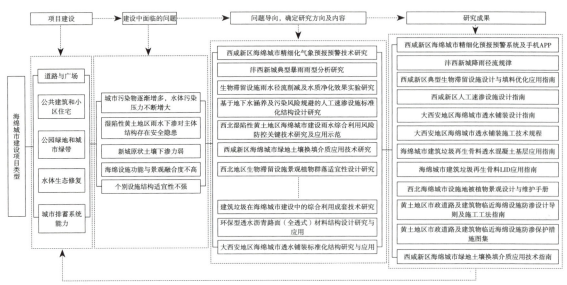

图3-18 海绵城市基础研究系统框架

沣西新城先后与西安理工大学、西安建筑科技大学、西北农林科技大学等6家单位成立陕西首批以海绵城市建设为主题的教学科研实践基地,在此基础上,在水专业、植物研究、湿陷性黄土海绵技术等专业领域开展多专业多学科的交叉融合研究,将研究试验直接应用在工程项目中,边研究、边应用、边反馈、边优化,增强成果示范效应(图3-19、图3-20)。

图3-19 首批海绵城市教学科研实践基地落户沣西新城

图3-20 沣西新城气象服务海绵城市建设合作签约仪式

同时,沣西新城将施工企业纳入相关课题的联合研究团队,一方面科研成果在实体工程应用示范过程中,得到了企业的全力配合,同时施工技术人员的相关建议对研究工作瓶颈的突破也提供了很大的帮助;另一方面,施工单位作为联合研究主体,可共享研究成果,这对企业本身在技术进步、企业荣誉、社会影响等方面均有较大提升,极大地增加了施工企业对海绵城市的探索和实践热情,促进了与海绵城市建设相关的技术革新。

2. 问题和需求导向下的系统研究

沣西新城开展的各项研究工作均以面临的实际问题为导向，以项目建设为保障，采用"关键技术重点引进+实践改进局部创新+基础研究集成创新"三级保障模式系统推进。

针对新区城市降雨及产汇流规律不清，河湖水系水文、水环境本底数据匮乏，原状土渗透性差、保水力弱、截污净化功能低下，湿陷性黄土地区雨水下渗对主体结构带来安全隐患，雨水速渗补给地下水带来的污染风险缺乏评估，不同应用场景下海绵城市建设材料适用性、稳定性缺乏定量等一系列技术

图3-21 同德佳苑小区雨水花园试验基地

瓶颈问题，沣西新城组织开展研究攻关，经过几年来的研究与工程实践，形成了一系列可以有效指导实践的理论成果，点对点解决了工程实际问题（图3-21）。

针对原状土渗透性差、保水力弱、截污净化功能低下等不宜直接作为LID设施渗滤介质的实际，沣西新城开展了适用于西咸新区海绵城市道路LID设施的混合土介质配比试验，利用常见农林业废弃物及建筑材料（椰糠、沙子、锯末等）作填料，与原状土进行不同体积比混合，在不同压实度情况下对混合土介质持水量及渗透性进行对比检测，得出适用于本土道路LID设施换填介质的配比方案及施工指导意见，改良了原状土下渗及滞蓄能力，在数据八路、信息四路、秦皇大道等40余个建设项目中进行应用（图3-22）。

针对海绵城市建设中生物滞留设施换填介质总量需求大、拌合要求高（破碎度、均匀度、计量精确度）等实际，沣西新城与河南交建公司联合研发了全国首台"海绵城市LID换填土拌合设

图3-22 同场次降雨条件下，换填雨水花园与未换填雨水花园雨水下渗效果对比

图3-23 换填土拌合设备

备",于2016年3月30日在沣西新城正式投产使用。该项设备的研发应用,保证了换填混合土配比的可计量和程序化操控,大大提升了原材料利用率和生产效率,从人工20t/d的产量提升至机械化40～50t/h的拌合产量,充分满足了海绵城市建设施工需求。这也是沣西新城积极探索海绵城市"四新"研究成果转化,构建未来产业化格局的初步尝试(图3-23)。

针对缺乏适合本土区域特点的LID设施本土化工艺参数的实际,沣西新城开展了生物滞留设施雨水径流削减及水质净化效果试验研究,提出不同应用场景下的LID设施本土化设计参数[如汇流比、深度、基质组合(比例、级配、厚度等)、植物选型配置等]对各类LID设施运行维护周期进行了定量评价,为各项LID设施的设计、建造及推广应用提供依据。

一项又一项的研究成果随着实体工程不断在沣西新城生根发芽,点对点的攻关在破解海绵城市技术瓶颈的同时,对新城海绵城市未来产业化发展格局奠定了一定的基础和市场。沣西新城联合西安公路研究院开展的《建筑垃圾在海绵城市建设中的综合利用成套技术研究》重点在技术适宜性方面进行研究突破,利用再生骨料的轻质、吸水性和蓄水系数较高的特点,采用建筑垃圾生产用于海绵城市市政道路的蓄水材料,用于雨水花园、生态滞留草沟、渗井、透水铺装等不同LID设施,在满足设施功能的同时,节约了矿产资源的开发,同时解决了由新区开发建设带来的建筑垃圾围城问题,实现一举三得的经济、社会、环境效益。

3.2.2 建立适用于本土的技术标准体系

沣西新城从实际出发,结合试验研究及工程实践,在规划、设计、施工、竣工验收、运行维

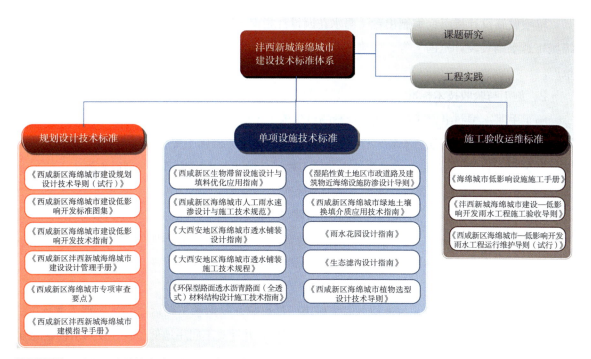

图3-24 西咸新区海绵城市建设标准规范的应用

护、植物选型、模型应用等方面开展技术研究与标准化建设，形成科学定量、成熟稳定的相关技术标准、图集、导则等20余项成果，形成了本土化、特色化的技术标准体系，在工程设计当中，可作为各类海绵城市项目的建设要求，直接在项目建设中选用。

各类标准规范围绕海绵城市建设管控各个环节，在建设的各个环节都能够找到可参考、可应用的标准规范文本，为新建、改建、扩建等各类建设项目提供了技术保证和实施依据，确保严格落实海绵城市理念与目标（图3-24）。

1. 规划设计标准

设计导则：编制出台《西咸新区海绵城市建设规划设计技术导则（试行）》，用于海绵城市建设工程的规划设计前期工作。该导则从项目室外总平面设计、竖向设计、园林设计、建筑设计、给排水设计、结构设计、道路设计、经济等相关专业提出相互配合的要求，并明确了雨水收集回用标准。

技术指南和标准图集：编制出台《西咸新区海绵城市建设低影响开发技术指南》《西咸新区海绵城市建设低影响开发标准图集》（以下简称《指南》《图集》），形成了一套适用于本土环境条件的海绵城市建设工程设计标准和技术指南。

设计管理：编制出台《西咸新区沣西新城海绵城市建设设计管理手册》，主要服务于海绵城市各类建设项目的建设管控、设计与计算方法指引、施工管理评价等工作。规范了海绵城市设计标准，提高了本地区相关单位的设计水平和效率。

单项设施设计指南：编制出台《雨水花园设计指南》《生态滤沟设计指南》《大西安地区海绵城市透水铺装设计指南》等，明确了符合本土特点的海绵城市设施设计标准，促进了标准化推广。

2. 施工与验收技术标准

施工手册：编制出台《海绵城市低影响设施施工手册》，按照项目施工顺序（主要从施工前期准备、土方与基坑工程、安装工程、构筑物基础与垫层、砌体工程、混凝土工程、介质换填、竖向整理及铺装等9个方面）对海绵城市专项工程特有的西北地区常用的典型设施施工工艺进行了总结，指出设施的控制要点，明确质量控制标准。

验收导则：编制出台《沣西新城海绵城市建设—低影响开发雨水工程施工验收导则》，从项目施工原材料、施工准备、施工安装及施工验收等四个环节着手，对本地区常用的海绵城市低影响设施施工验收全过程提出了明确要求和技术标准。

3. 运行维护标准

运行维护导则：制定《西咸新区海绵城市—低影响开发雨水工程运行维护导则（试行）》，明确了相关单位在海绵城市项目运行阶段的监管责任，并针对不同用地低影响开发雨水设施的维护要点及低影响开发雨水工程单项技术设施维护要点展开详细阐述，对海绵城市项目长效稳定发挥功能具有指导意义。同时完善了海绵城市建设项目全周期不同层面的技术体系，特别是针对西咸新区黄土土质特征，因地制宜地对低影响开发滞留设施的管理频率、养护方法提出了详细要求，保证了各项目海绵城市功能的可持续发挥。

3.2.3 研究问题，开展对路管用的系列技术创新

沣西新城针对海绵城市建设过程中遇到的问题，进行了系列技术创新，其中包括创新性技术、应用性技术以及经验性做法三个方面。

1. 创新性技术

（1）城市次干路车行道全透式环保沥青路面技术

城市道路的雨水径流量大、排放压力大一直是城市建设中难以突破的问题。沣西新城充分考虑城市道路特点，研究实践城市车行道全透型沥青路面技术，分别设计了半刚性基层（多孔水泥稳定碎石基层）和柔性基层（沥青混合料ATPB-25）两种路面结构。通过在路面结构内埋设传感器，对全透水路面结构进行监测，分析全透水路面的温湿度变化，通过雨水收集装置分析透水路面对地表径流的净化作用，结合实验研究和工程实践，形成了一套全透水路面的合理施工工艺，为城市传统沥青路面的技术改造和升级提供了理论和技术支撑（图3-25）。

（2）基于地下水涵养及污染物风险规避的新型人工速渗井技术

沣西新城结合区域岩土地质、地下水埋深、下垫面污染状况，创新设计"上部高速渗滤吸附+下部集中泄流"的两段式钢筋混凝土渗井结构，融合传统全段钢筋混凝土式、砖砌式、钢护筒护

壁式渗井结构技术优点，同步研发高效渗滤介质填料（粗沙、活化沸石、海绵铁），较好地平衡了高速渗滤与污染物去除效率的矛盾，实现了地下水涵养及污染风险规避，在排水系统不健全、雨水径流无出路的地区具有较高推广价值（图3-26）。

（3）结构性透水铺装技术

针对老旧园区海绵改造项目，沣西新城创新采用"透水砖面层透水+线性截水沟汇流+透水基层结构侧向渗透"的组合技术，应用

图3-25 沣西新城全透型沥青路面

于广场、人行道等处。该技术在一定程度上规避了透水铺装易堵塞的弊病，通过线性排水沟将地表径流传递至新建透水铺装一侧，之后充分发挥铺装结构层侧向渗水、滤除污染物等功能，并且与周边绿地中的海绵城市设施有效结合，使其成为雨水进入绿地前的截污、净化设施。与此同时，该技术在应用时改造规模较小，原有大面积铺装予以保留，从而大大减少了透水铺装使用面积，降低了工程造价（图3-27、图3-28）。

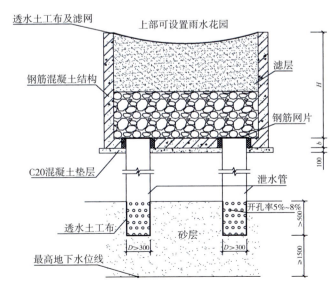

图3-26 新型人工速渗井结构示意图

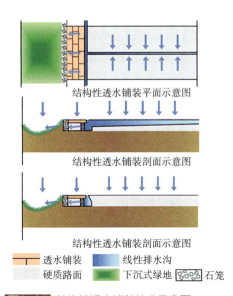

图3-27 结构性透水铺装技术示意图

图3-28 结构性透水铺装应用实景

2．应用性技术

（1）模块化易清洗市政道路截污技术

针对西北地区市政道路径流泥沙含量大、雨水设施易淤堵等问题，沣西新城创新采用模块化易清洗型拦污框，将碎石、玻璃轻石、建筑垃圾碎块等滤料装入高分子聚合材料框体中，并埋入道路侧分带收水口土壤中，其不仅可以解决初期雨水截污问题，也易于更换、清洗，方便养护（图3-29）。

（2）湿陷性黄土地区海绵雨水设施风险防控技术

沣西新城在海绵城市市政道路建设中，为确保市政道路结构安全，在道路侧分带海绵建设区域根据设施特征采取"L型钢筋混凝土挡墙+防水土工布（两布一膜）"的方式进行防护，将道路基础和海绵设施进行隔离。依据设施内雨水传输及滞纳路径，在生物滞留设施及进水口两侧道路结构层边缘设置L型钢筋混凝土挡水墙，在传输型草沟下方设置防水土工布，这种根据不同海绵城市设施功能差异区别化采用防渗措施的做法，既能满足防水需要，也减少了建设成本。经过实践检验，防水效果良好，道路结构稳固安全（图3-30）。

3．经验性做法

（1）西北地区海绵雨水设施植物适宜性配置经验

针对半干旱地区海绵城市设施植物生长适宜性问题，沣西新城积极探索植物配置模式，根据不同项目类型及设施类型选择不同生长特性的植物品种及不同的植物搭配方式（图3-31）。

例如，在生物滞留型设施中优选根系发达、耐旱、耐涝、净化能力强的本土植物，分层次搭

图3-29 模块化易清洗型拦污框应用实景

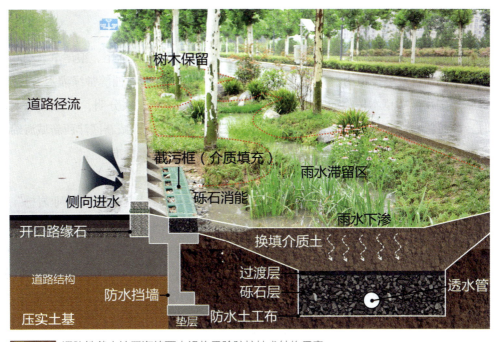

图3-30 湿陷性黄土地区海绵雨水设施风险防控技术结构示意

图3-31 沣西新城海绵城市建设景观实景

配观赏草、低矮地被、常绿灌木、乔木等。在设施低点，选择鸢尾、狼尾草、细叶芒等既能旱生又耐水湿的观赏草类植物；设施边坡以南天竹、海桐、红叶石楠等常绿灌木对观赏草进行围合；设施外围用低矮草本植物如麦冬、草皮、石竹等；既达到层次分明，又保证四季有景。与此同时，沣西新城海绵城市技术中心通过总结经验，编制完成《西咸新区沣西新城海绵城市景观设计实践探索及植物选配指南》，形成了一套可复制可推广的技术标准。

（2）西北地区绿色屋顶建设经验

沣西新城在绿色屋顶建设方面探索使用"环保多孔岩""宝绿素""农业岩棉"等轻质、保水能力强的特殊介质材料，提升屋面雨水的截留、缓冲和净化作用，提高雨水滞蓄能力，并解决荷载问题。针对绿色屋顶的植物搭配方式开展专题研究，精心选配佛甲草、景天、细叶芒、马蔺等植物品种，耐旱耐涝、适应性强，大大降低了养护成本。后期又探索采用田园土、松针土、腐殖土、珍珠岩等本土化土壤介质替代材料，使得绿色屋顶的材料成本大大降低（图3-32）。

图3-32 沣西新城绿色屋顶项目实景

3.3 创新融资，规范监管，走绿色金融之路

城市建设离不开金融的支持，沣西新城肩负探索新型城镇化建设使命，在基础设施建设和公共服务领域有着高品质需求，要求资金"必须跟上"，但自身却"钱袋子薄"。为保障海绵城市建设工作的持续开展，沣西新城创新融资思维，整合海绵城市、综合管廊、绿色能源等建设资源，多元化融资，降低成本，做实资产，为海绵城市建设提供了充足资金支持。

3.3.1 规范资金监管

试点建设三年，海绵专项工程涉及资金27.06亿元，对年轻开发区而言，资金体量较大。规范监管，资金筹措均需做大量工作。

沣西新城制定《海绵城市建设试点财政专项资金管理办法》《财政专项资金拨付实施细则》《海绵城市建设专项资金绩效评价暂行办法》等多项管理制度与办法，规范资金监管，提高专项资金使用安全性及项目实施积极性。

在专项资金拨付方面，按资金用途和项目单位性质将专项资金分为两类：一类专户为管委会及下属单位，二类专户为管委会以外单位，明确两种专户的审批管理均由领导小组负责审批管理，海绵办负责专项资金计划使用、拨付，主要用于在试点区内实施海绵城市专项工程项目资金补助。对列入计划的试点项目，由海绵办编制年度实施计划报审下发。资金申请拨付时，项目建设单位结合项目进度提出海绵城市资金拨付申请，填写《拨付申请表》，由海绵办、财政局审核，领导小组组长审批后，专项拨付。制定《专项资金绩效评价暂行办法》，将绩效评价结果作为专项资金使用重要依据，海绵办联合财政局每年对专项资金管理进行安全使用督查和绩效考核，按照绩效评价结果，调整专项资金拨付进度和额度等，督促项目建设加快实施。

在财政专项奖补方面，编制出台《海绵城市建设社会投资项目财政专项补助资金管理办法》，对试点区域计划内项目、计划外项目及试点区域外项目分别以设计费、建设费补偿和补助金额进行不同层级不同类型奖补激励，提高社会项目参与积极性。

3.3.2 创新融资模式，引导金融机构共同服务海绵城市建设

沣西新城与多家金融机构、社会企业以绿色海绵城市发展基金、城镇化建设发展基金、城投平台绿色债券、PPP等融资方式，募集资金百亿元。沣西新城在融资方面重点做了三方面工作：一是吃透国家政策，发挥项目本身"绿色属性"，整合海绵城市、综合管廊、无干扰地岩热技术、分布式能源等绿色建设资源并进行融资包装；二是靠前准备，做深做细依托项目的谋划，加强与资金方的深入沟通，做优项目结构设计，确保债务风险可控，提升投资者购买信心；三是创新资本回报机制，吸引社会资本进入，探索统筹土地增值收益、污水治理与再生水销售、海绵城市设施开发经营等回报方式。此外，沣西新城也通过城市基础设施配套、国有土地使用权出让等方式筹集建设资金。

2015年起，沣西新城先后与多家金融机构签订合作协议，设立总额89亿元的发展基金，支持新城绿色发展。其中以与建行合作设立的城市基金规模最大，达60亿元。该基金由建银国际（控股）有限公司担任基金管理人和普通合伙人，基金采取股权和债券两种投资形式对沣西新城区域内包括海绵城市建设、中国西部科技创新港土地一级开发、丝路风情小镇、市政基础设施等多个重点项目进行投资。

沣西新城在与中国建设银行沟通的过程中提出，在对投资额大、建设周期长的政府项目进行投融资时，需要对方既考虑项目的经济效益，又充分考虑项目的社会效益，最终实现经济和社会效益的有机统一。以海绵城市项目为例，该项目基本不产生盈利性现金流，但是项目实施后能够极大改善区域生态、人居环境，社会效益巨大。双方在项目设计时，将有一定收益的土地一级开发项目打包整合，既不增加财政支出，又符合金融机构收益需求，能最大程度放大财政资金杠杆作用，解决项目建设资金。从最终的运行状况看来，该笔基金在资金募集、项目整合、基金运作、风险缓释、退出方式上都进行了突破和创新，有效实现基金出资方利益共享、风险共担。

采用绿色金融募集资金，在不增加公共财政支出压力的前提下，合理引导金融机构和社会资本共同参与，形成合力，共同服务民生建设。一方面有效减轻了政府的财政负担，另一方面多元化的投融资体系对项目本身的经营结构和盈利模式调整也极为有利，能够更好地促进城市建设发展。

这是沣西新城在传统信贷融资之外，利用创新金融产品为沣西新城海绵城市和绿色城市管网建设筹集资金的又一成功实践，有力推进了沣西新城的绿色城市建设。

3.3.3 发动社会参与，吸引社会资本参与海绵城市建设

沣西新城将纯公益性管网、片区海绵城市建设与可经营污水处理设施捆绑打包，先后发起渭河污水处理综合工程PPP项目、沣西新城海绵城市核心区建设PPP项目，引入社会资金共计12.37亿元。

项目实施中，新城采用了"规划—设计—建设—运营—移交"全生命周期管控模式，并结合项目特征，明确经济技术指标，划定边界条件，严格执行绩效考核、按效付费机制，建立了风险分担、收益共享的合作机制。同时，为保障海绵城市PPP项目的科学性、合理合规性，沣西新城采用"商务咨询采购+技术咨询把关"的模式，从项目识别、项目准备、项目采购、项目执行和项目移交五个阶段严格把控，多级审核，形成较为完整的PPP融资模式管理体系。

沣西新城渭河污水处理厂综合工程PPP项目采用厂网一体模式，将纯公益性管网与具备一定经营性的污水处理设施进行捆绑打包，既缓解了城市开发前期管网建设资金压力，又可有效控制管网投资，确保管网建设质量，减少或者避免污水处理厂与管网在建设、运营过程中的矛盾、冲突；沣西新城海绵城市核心区建设PPP项目以规划渭河8号排水片区为核心，结合源头地块海绵城市改造、市政道路与管网建设、污水处理厂与泵站及调蓄池建设、雨洪多功能调蓄公园及沣河滩面治理等工程项目系统打包，综合实现各项规划目标与指标，保障项目设计、建设与运行维护全生命周期的质量效果。

在项目绩效考核方面，沣西新城渭河污水处理厂综合工程PPP项目绩效考核分为三个层次：一是污水处理厂运营考核；二是排水设施运营维护考核；三是建立中期评估机制。项目按效付费——按照设定绩效指标的基本原则来设计绩效考核体系。其中，污水处理厂考核主要通过出水水质、污染物排放、污水处理厂运行、维护及安全、利益相关者满意度指标，通过常规考核和临时考核的方式对社会资本方服务绩效水平进行考核，并将考核结果与污水处理服务费的支付挂钩。沣西新城海绵城市核心区建设PPP项目绩效考核体系和办法以"按效付费——设定绩效指标"的基本原则来设计，运营维护期内，政府方主要通过常规考核和临时考核的方式对社会资本方服务绩效水平进行考核，并将考核结果与运维绩效付费挂钩，通过付费有效实现对项目建设及运营质量的控制。

3.4 优化整合，升级完善，构建一个特色鲜明的智慧平台

为科学评估海绵城市建设成效，精细化项目管理，沣西新城充分发挥区域互联网产业密集、大数据信息化技术集中的优势，综合运用在线监测、模型模拟、大数据分析等先进技术手段，构建起"大数据+"模式下的智慧海绵城市信息化管理平台。

在试点建设初期，沣西新城积极组织科研高校结合国家、行业规范标准，自主创新，科学地

建立起考核指标的定量评价分析体系及关键指标的耦合模拟分析方法（包括年径流总量控制率、面源污染防治及内涝风险防控等系列指标耦合模拟分析方法等），编制了《西咸新区海绵城市考核评估监测实施方案》，对海绵城市考评监测体系进行整体设计，对海绵城市绩效评价所涉6类18项考核指标中的4大类11项涉水核心指标制定了系统化定量评价方法及详细监测实施方案。

按照《西咸新区海绵城市考核评估监测实施方案》要求，沣西新城同步开展海绵城市建设管控平台搭建、在线监测设备部署及人工监测分析工作，构建智慧海绵信息化管理平台系统。平台主要由海绵城市综合管控平台和成果发布平台两部分组成（图3-33）。

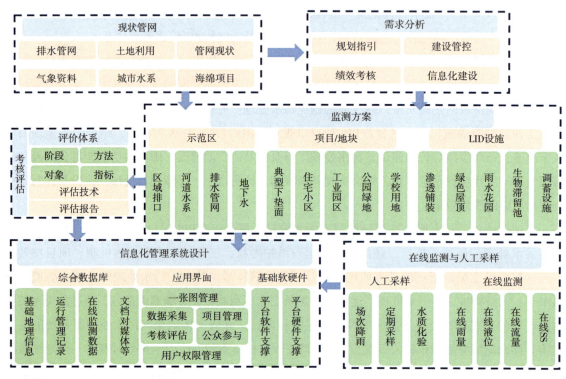

图3-33 海绵城市信息化综合管控平台

3.4.1 综合管控平台

基于海绵城市规划建设与考核评估需求，全面收集海绵城市建设前后气象、水文、水质、生态环境等在内的各类相关数据，利用在线监测网络系统记录海绵城市建设相关设施运行情况，集中反映海绵城市建设、运营和管理全过程信息，为海绵城市建设、考核评估提供数字化管理手段。其整体应用层架构分为核心层与拓展层两个子系统，包含5大功能模块（图3-34）。

核心层：在基础信息数据库支持下，以具有监测数据接收（包括在线采集直传数据及手动采集加工数据）与监测设备诊断功能的网络平台为载体，以考核评估方法论体系为核心，通过可视

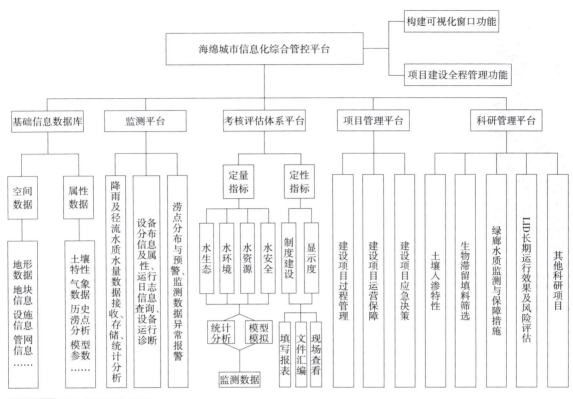

图3-34 综合管控平台总览

化窗口整合输出考核指标动态监测评价结果。其中：

1）基础信息数据库：数据库应包含地形地貌数据、地块分布及其属性数据、低影响设施分布及其属性数据、管网属性数据、气象降雨数据、土壤属性数据、历史涝点分布及积水时间数据、模型模拟所需参数等（图3-35）。

2）监测预警平台：主要进行各种现场监测数据的收集、整理、统计分析，提供设备信息查询、设备运行管理、故障诊断及报警，涝点分布及报警、数据异常分析及报警等（图3-36）。

3）考核评估平台：围绕海绵城市考核评估6大类18项指标，从试点区域、排水分区、关键管网节点、项目地块、低影响设施等层级开展水量、水质监测与模拟分析；同步对河湖水系、地下水、生态岸线、城市热岛等开展系统监测，并进行数据采集、传输、整理、分析及结果输出评价等。

拓展层则主要以考核指标在规划设计阶段自上而下逐层分解的计划值（示范区年径流总量控制率总体目标——地块单位面积控制容积综合指标——透水铺装、下凹式绿地、绿色屋顶、生物滞留设施等单项或组合控制指标）为约束，与项目实施运行阶段自下而上统计反馈的实际值做对比，及时反馈并指导优化项目LID设计、施工；同时通过跟踪录入海绵城市设施建设及运营维护等信息，可发挥"项目信息门户"作用，支持管理部门对海绵城市建设项目的全寿命周期管理；

图3-35 基础数据库模块

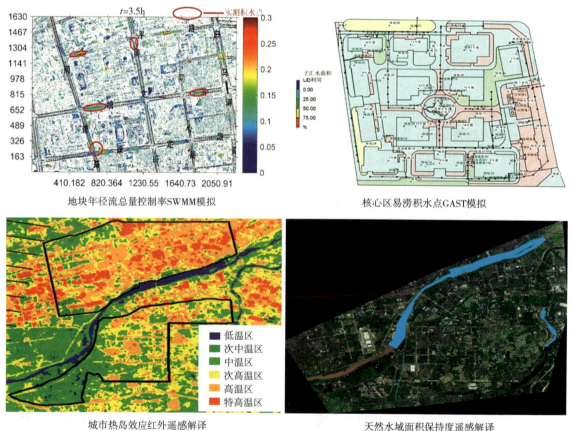

地块年径流总量控制率SWMM模拟　　　核心区易涝积水点GAST模拟

城市热岛效应红外遥感解译　　　天然水域面积保持度遥感解译

图3-36 监测预警模块部分功能

图3-37 科研管理子平台

此外，开放式架构还可融入海绵城市技术科研管理及成果应用展示等功能。

4）项目管理平台：综合利用数学模型与在线监测技术，在规划设计阶段实现目标自上而下的层级分解，在项目实施阶段实现运行情况自上而下的统计反馈，为海绵城市建设规划、设计、实施、运营维护和管理提供全周期信息化支持。

5）科研管理平台：针对海绵城市建设试点过程中缺乏既有标准规范指导、亟须通过试验论证的课题，如生物滞留设施雨水径流削减及水质净化效果研究、景观植物群落适宜性搭配、湿陷性黄土雨水下渗安全风险防控等重点攻关问题，从项目立项、过程把关、科研成果管理及实践应用等角度提供管理与展示平台（图3-37）。

6）设施运维平台：结合新区已有地理信息系统建设成果，综合运用GIS技术、智能监测技术以及海绵城市相关模型分析设计，构建海绵城市智慧化设施运维平台。主要有基本数据管理、运维评估管理、故障预警管理、运维人员管理及统计分析五部分组成，确保海绵城市整个片区以及相应的单个设施实时处于健康活跃状态。

3.4.2 成果发布平台

整合海绵城市建设相关信息资源，形成统一对外发布的整套内容管理系统，是公众了解并参与新区海绵城市建设相关工作的信息发布窗口。公众可以通过平台了解到所在地及其他城市海绵城市建设成果和热点，可以学习了解海绵城市基础知识和专业知识以及不同学者专家对海绵城市的学术见解，同时可以通过留言板块参与海绵城市建设，为海绵城市建设提供更多有价值的意见与建议（图3-38）。

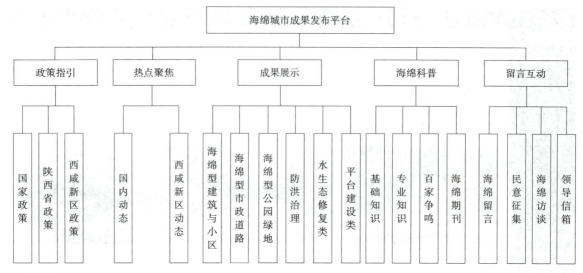

图3-38 海绵城市建设成果发布平台系统框架

3.4.3 平台亮点

1. 整合大数据、物联网及云计算先进技术解决方案

沣西新城智慧海绵城市监测平台充分应用大数据、物联网及云计算等领域最新前沿技术开展系统建设。

大数据方面，运用微软Windows Azure分布式大数据技术开展海绵城市考核监测数据采集与数据分析，结合微软全球领先的机器学习算法，开发全新的监测预警计算引擎与考核指标数据模拟计算引擎，自动对数据分析过程进行持续有效地优化，不断提升考核评估与分析预测的准确性；采用Hadoop分布式系统HDFS框架，实现高速并行运算和大规模数据存储；采用服务（IaaS）层虚拟化技术，提高应用的可靠性，实现虚拟资源的自动化配置与智能动态调度。

物联网方面，采用开放物联网架构，支持多厂商、多类型采集设备接入，实现动态监测及监测结果实时展示，所有在线监测数据在加密算法和电子签名等多重安全验证机制下，保障数据传输过程中的完整性、保密性及身份真实性。

云计算方面，采用私有云既提高了系统可靠性，又降低了硬件投入和维护管理成本；采用云数据集成技术，同步高效处理云端与非云存储问题，实现了海量数据的定时迁移、内容和结构变更，以满足云数据仓库需要。利用最先进的智能数据服务搜索，搜寻公有云数据服务，编目所有可用数据资产，支持核心业务流程；应用多维分析（数据可视化展示）技术将数据预处理成数据立方体，结合业务需求，快捷实现对大量数据的分析统计，以表格、图形等多种形式直观展现，并有机结合GIS技术将监测评估、建设成果等数据进行综合表达，辅助决策。

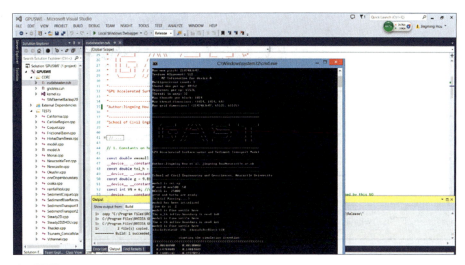

图3-39 GAST模型运行界面

2. 应用自主研发模型GAST开展城镇内涝数值模拟

平台从宏观角度阐释并建立针对考核指标的定量化评价分析体系及关键指标的耦合模拟分析方法，并针对重点指标进行数值模拟分析。其中，在进行内涝风险及整治成效模拟分析时，创新采用了自主研发的基于GPU加速技术的二维地表水动力城市雨洪过程模型（GAST），能够反映微观地表特性的高分辨率地表高程数据，可用于流域产汇流水动力学模拟、流域和城市雨洪过程模拟预测、污染物输移扩散等水灾害模拟（图3-39~图3-43）。

3.4.4 平台成效

信息数据库模块收纳了所有人工监测、模拟分析、统计分析、工作记录等数据，可实现数据模糊检索和精确查询功能。

监测预警模块具有对7大类110台设备数据全面接入和实时监测、采集和预警等功能。

考核评估模块具有5大类14项涉水定量考核评估指标数据统计分析和展示功能，可同步实现401个控规单元地块海绵城市建设规划指标属性数据展示。

项目管理模块从项目规划、设计、进度和验收管控4个阶段实现动态管理，囊括74个试点项目全寿命周期建设。

科研管理模块实现了海绵城市研究课题所涉试验、工程应用、成果管理及合作单位、专家库等信息的统一管理。

成果发布平台已实现海绵城市相关政策热点、技术成果、基础知识等总计超过1000篇信息资料的发布，充分发挥了"海绵理念窗口"的功能，在全方位展示海绵城市试点建设成效的同时，提升了公众的感知度和参与度。

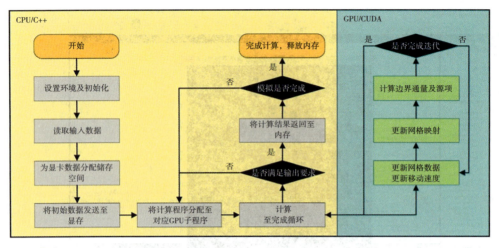

图3-40 GAST模型GPU加速计算流程图

溃坝洪水过程模拟

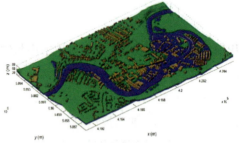

江河洪水过程高分辨率模拟

城市内涝积水点片高精度模拟

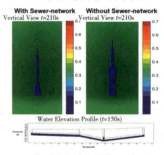

管网排水过程效果模拟

高精度流域地表径流过程模拟

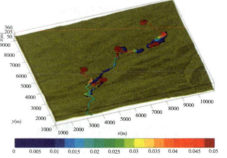

面源污染物迁移过程模拟

图3-41 GAST模型模拟图

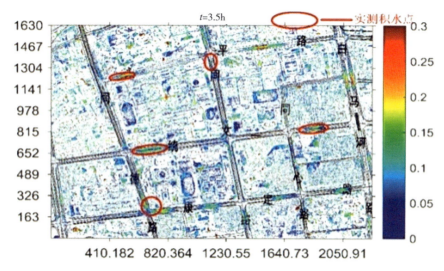

图3-42 模拟积水与实测积水分布对比

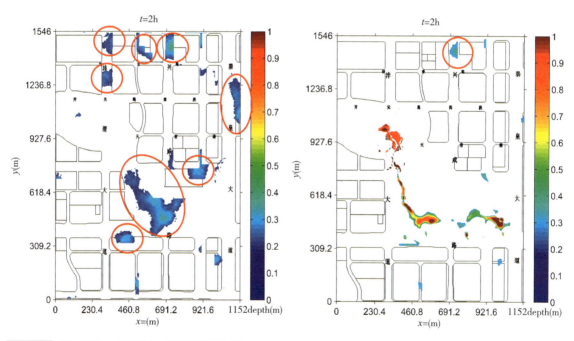

图3-43 海绵建设前后50年一遇降雨积涝对比

3.5 互动推进，共建共享，构建一条全民参与的建设路径

海绵城市建设是惠及民生福祉的国家战略，实质是要解决新型城镇化建设中的民生问题，让百姓有更多的获得感、幸福感、安全感。公众对海绵城市建设的知情权、参与权、监督权以及满意度对进一步推动海绵城市建设有重要作用。沣西新城采取政府与公众互动的参与模式，将社区

公民纳入建设管理重要一方,建立多种群众参与机制,凝聚社会公众力量,共同助力海绵城市建设及绿色发展,实现人民城市的共建共享。

一是深入调查研究,普查人民需求。在建设之初,由海绵办组织高校学生、社会团体深入辖区征集民意,了解诉求。积极回应干部群众关心、社会舆论关注的拉链路、城市看海、回迁保障房建设等热点问题,结合新城回迁百姓的实际需求,解决实际民生问题,如积涝点改造、水环境治理、小区红白事办理等。

二是舆论宣传形成共建氛围。重点通过纸媒、网媒、电视、广播等新闻媒体播放海绵城市科普教育片,不断宣传海绵城市理念与建设成效。采用编制海绵城市季刊、微信公众号宣传、举办全省海绵城市知识竞赛等方式,扩大海绵城市建设影响力。同时建成海绵城市试验中心,通过展板、材料、模型展示和宣传片讲解等方式,让海绵城市建设深入人心。

三是带动群众深入海绵城市建设一线。在顶层设计阶段,由规建部门借智专业规划团队,组织专家、群众多轮研判,开展网上意见征集,取众家之长,开门编规划;在项目设计阶段,由设计单位将建设方案带入社区、企业、学校、商铺等,进行民意选调或网络投票,让群众成为方案设计主角;在建设与验收阶段,由海绵办以专家联盟、市民观察团、学生记者站等多种组织形式,深入工程一线,让公众的参与监督全程发挥作用。

3.5.1 多元科普宣传,凝聚社会共识

海绵城市建设对于百姓来说还是一项新兴事物,由于缺乏认识,公众还存有不同程度的质疑。营造全社会共同专注和支持的良好氛围,是海绵城市建设得以成功的重要保障。城市人民政府是推行海绵城市建设的责任主体,也承担着正面引导和广泛科普宣传的义务。

为了向社会大众科普宣传海绵城市理念,沣西新城主动发挥政府引导作用,积极正面宣传,于2015年1月创建海绵城市研究试验中心展厅,向广大民众开放,并以此为互动窗口,动员全社会了解、关注并支持海绵城市建设。同时,通过拍摄海绵城市宣传视频,举办"海绵城市知识"竞赛、创意演讲、"海绵城市"进校园、小记者小主持人对话"海绵城市"、海绵城市创想家、微友观"海绵"等系列丰富多元的活动,并充分利用报纸、电视、网络、市民观察团、学生记者站、校园宣讲团、教学实践基地等多种形式的参与方式,积极引导全社会了解、关注并参与海绵城市建设。

沣西新城海绵城市展厅自开放以来,接待政府、企事业单位代表、高校学生以及广大市民近10万人次,有力促进了海绵城市理念的有效传播,也带动了各城市之间的交流学习。2017年11月,沣西新城举办以"海绵城市创想家·创世界"为主题的高校新锐设计作品竞展活动,来自华南理工大学、西安理工大学、西安建筑科技大学、长安大学、西安工程大学、西安工业大学等省内外12所高校的师生积极参与。西安理工大学、长安大学等高校在结合专业学科优势及与新区开展的课题研究合作基础上,先后组织成立了"海绵城市技术研究院""海绵城市与地下空间综合研究院"等专业机构,为海绵城市建设提供了科研支撑(图3-44~图3-52)。

图3-44 海绵城市创意演讲

图3-45 海绵创想家活动

图3-46 高校学生参观海绵城市展厅及示范项目

图3-47 国外专家团队参观海绵城市展厅

3.5.2 深入倾听民声，建设人民工程

海绵城市建设是一项惠民生的重大系统工程。建设期间，沣西新城深入各社区、企业及学校等，开展民意调研、问卷调查、有奖意见征集等活动畅通建言渠道，问计于民，让群众充分参与沣西新城的海绵城市建设。广大市民积极参与海绵城市问卷调查，并纷纷提出自己对社区海绵城市建设的相关想法，共同助力海绵城市及绿色家园建设。沣西新城积极回应干部群众关心、社会舆论关注的热点问题，打造了一批有质量、上品质、具有示范引领作用的精品民生工程，组织市民群众实地参观，用实际案例及成效让百姓可以直观感受海绵城市建设给生活带来的改善（图3-53、图3-54）。

3.5.3 开放交流学习，实现共同发展

海绵城市建设初期，各地对于海绵城市建设理念的解读、具体的实践都还处在探索阶段。为科学推进海绵城市建设，沣西新城持续开展"走出去"和"引进来"的学习交流活动，相继赴新加坡、澳大利亚等国家及我国常德、厦门、重庆、武汉等城市进行观摩学习，定期邀请国内外行业专家、技术单位等开展座谈培训，以开放的心态，整合各方优势及资源，共同探讨海绵城市建设理念、方法与路径等，通过互相交流学习、实地观摩等方式，博采众长，为海绵城市建设注入源源动力（图3-55～图3-57）。

图3-48 企事业单位代表参观海绵城市展厅

图3-49 海绵城市知识竞赛活动

第3章 沣西新城海绵城市建设推进策略 / 109

图3-50 小记者小主持人对话海绵城市活动

图3-51 校园宣讲系列活动

图3-52 海绵城市观察员、微友看"海绵"等活动现场

图3-53 问卷调研、实地参观系列活动

图3-53 问卷调研、实地参观系列活动(续)

图3-54 微信平台留言(节选)

图3-55 与厦门海绵城市建设团队交流建设经验　　图3-56 赴新加坡学习治水经验

图3-57 与国外建设团队交流探讨海绵城市建设经验

第4章 典型工程案例

沣西新城在工程建设中因地制宜地开展工序优化和工法创新，高质量建管，高品质建设，建成一大批优质的海绵城市应用示范项目。先后有多个项目入选住建部《海绵城市建设典型案例》，获得省级建设工程大奖，充分展现了沣西新城海绵城市项目在精细化设计与施工等方面取得的阶段性成果。

本章选取沣西新城区域开发类、市政道路、建筑小区、城市湿地、大型雨洪调蓄枢纽等多种类型海绵城市建设工程典型案例，从设计思路、建设方案、工程措施和实施效果等几个方面作了详细的介绍，可为海绵城市项目规划、设计和建设提供借鉴参考。

4.1 区域性案例
——中国西部科技创新港

1. 项目概况

中国西部科技创新港（以下简称"创新港"）项目位于西咸新区沣西新城渭河南岸，是陕西省和西安交通大学落实"一带一路"、创新驱动及西部大开发三大国家战略的重要平台，由西安交通大学与西咸新区联合建设，定位为国家使命担当、全球科教高地、服务陕西引擎、创新驱动平台、智慧学镇示范。创新港由平台区、学院区及孵化区构成，项目一期占地5000亩，至2020年9月，29个研究院、8个大型仪器设备共享平台和300多个科研机构和智库入驻，汇聚了包括数十名院士在内的三万余名科研人才（图4-1、图4-2）。

图4-1 中国西部科技创新港区位图

图4-2 中国西部科技创新港效果图

创新港内地势较低，整体地势低于渭河和新河河堤，在区域规划设计过程中融入海绵城市理念，围绕"保护水生态、保障水安全、改善水环境、节约水资源"的目标，整体按照"源头减排、过程控制、系统治理"建设思路，从全区域角度出发，建设区内、外相结合，依托周边自然河流湿地、农田林网构建大水大绿的区域生态基底，统筹区域"大海绵"与城市"中海绵"、地块"小海绵"自然生态调蓄空间，构建区域防洪排涝体系、开展流域水环境综合治理、加强非常规水资源利用等四大海绵城市系统建设策略，构建一体化的海绵城市建设体系，保障创新港区域防洪排涝安全，改善周边新河水质，提高区域生态环境质量（图4-3、图4-4）。

图4-3 中国西部科技创新港一期开发建设范围

图4-4 中国西部科技创新港用地规划图

2. 片区规划结构

创新港规划形成了"一带四廊五区多节点"的布局结构（图4-5）。

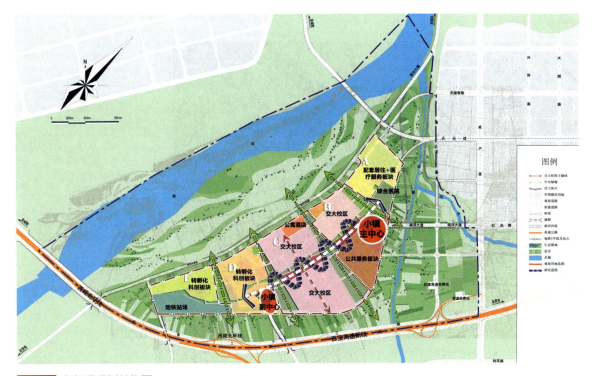

图4-5 创新港规划结构图

一带：城市绿带沿东北—西南走向，横向贯穿科技创新港试验区所在地块的中间区域，构筑完整、连续的城市绿带。

四廊：生态绿楔，依托良好的自然景观资源建设四条中央绿楔，沿南北向贯穿新区，在区域内形成四个楔形绿地，作为居民就近休憩、运动的场所，也为海绵城市、新能源及生态基础设施建设提供场地。

五区：学镇功能区，以四条生态绿色廊道为隔离带，由东至西分别划分形成五个区块，包含了五大功能区，分别是综合服务区、科研教学区、科研孵化区、配套设施区和地铁站场区，兼具教育科研、产业聚集、城市配套等多重功能，实现产城一体的市镇构想。

多节点：各个功能区内的公共中心分布于A、B、C、D、E各区内，为片区提供集中服务，同时通过设置广场空间、绿化游园、小品景观或建筑组合等多种手法，在规划区内形成丰富的空间序列。

3. 问题与挑战

（1）防洪排涝压力

创新港地处渭河河堤南岸低洼地，设计高程与渭河河堤高差约6m。东侧新河创新港区段常水位平均为389m，50年一遇洪水位平均为392m，场地地坪标高平均在389.5m，难以实现重力流排水。且区域受气候条件影响，夏季多高强度、短历时暴雨，面临较大的排水压力及洪涝风险（图4-6、图4-7）。

图4-6 中国西部科技创新港地形及水系图

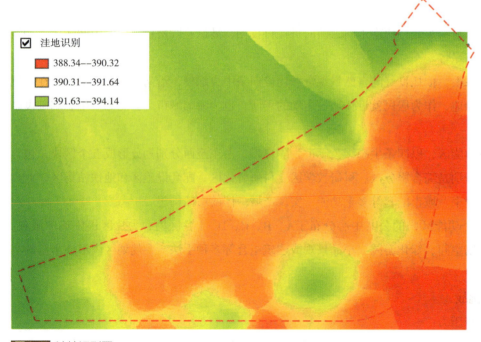

图4-7 洼地识别图

（2）水体环境污染

作为创新港排水受纳终端，新河在流域水环境综合治理前面临较严重的水体污染，总体呈劣Ⅴ类水质。由于新河上游对水资源的过度开发，新河出峪口以下河流成为季节性河流。随着创新港的快速建成将导致硬化地面比例及外排径流污染负荷大大增加，亦会成为加剧新河水体环境污染的重要风险因素（图4-8）。

图4-8 新河现场照片

（3）水资源相对匮乏

项目所在西咸新区人均占有水资源量约为200m³，是陕西省平均水平的1/6，中国平均水平的1/10，属于严重缺水地区。地下水供水量比重较大，非常规水源利用率偏低，区域供水结构仍有进一步优化的空间。

4．设计目标

项目设计目标为探索海绵型校区的新型排水系统构建，以绿楔、河网为骨架，以绿地系统为脉络，通过地表导流、合理布局，构建生态型排水系统；通过渗、滞、蓄、净、用、排等综合措施的应用，最大限度减少建设对生态环境和水文循环的影响，结合已有排水设施和河道水质生态处理，构建校园水生态系统。

根据上位规划，海绵城市建设具体目标如下：

（1）水生态

年径流总量控制率≥88%；生态岸线比例达到100%。

（2）水环境

河道水质：地表Ⅳ类水标准；年径流污染削减率（以SS计）：≥64%。

（3）水安全

内涝防治标准：50年一遇；水系防洪标准：内部水系50年一遇。

（4）水资源

实现雨水补充景观用水，提高雨水资源利用率。

5．技术路线

创新港海绵城市设计以问题和目标为导向，以内涝防治、水环境建设、生态水系建设和雨水利用为重点，以渗、蓄、净、用为主要技术措施，充分利用绿地、绿楔、水系等资源，全面建设海绵城市。充分发挥水系、绿楔的雨水蓄滞功能，通过合理的竖向规划，将涝水导流至绿楔内，确保水安全。构建从源头到末端到水体的综合面源削减和水质处理体系，确保景观水体水质达到地表Ⅳ类水标准（图4-9）。

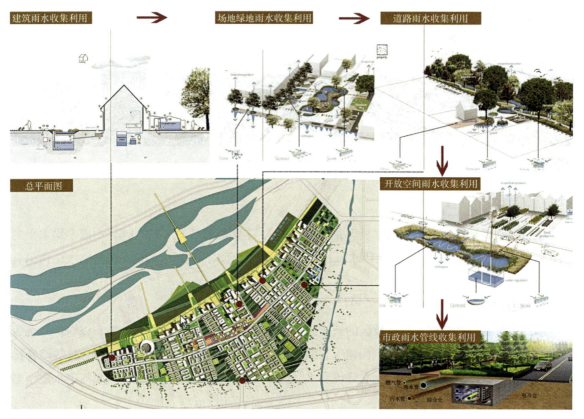

图4-9 海绵城市雨水路径规划

6. 系统方案

（1）源头减排

创新港占地总面积为283.23ha，充分考虑创新港区位及整体海绵城市达标及建设特点，将创新港分为两个分区，直接排入新河区域及景观区域。在总结《沣西新城海绵城市专项规划》及《沣西新城核心区低影响开发研究报告》的基础上，根据片区地块用地属性、开发程度、用水需求等因素，分解片区年径流总量控制率指标。

源头型海绵设计分为地块及道路两类设施。地块类用地类型为高等院校用地与绿化用地。高等院校用地以教育科研楼、宿舍、体育场为主。道路以10m、20m、30m道路横断面形式为主。根据现有设计条件对地块类、道路类项目指标合理分解，控制源头径流（图4-10、图4-11）。

第4章 典型工程案例

LID工程地块索引图

地块名称	面积（ha）	雨量径流系数	控制设计降雨量（mm）	年径流总量控制率（%）
B1-04	2.85	0.72	23.24	89
B1-06	0.75	0.7	24.04	89
B1-08	1.82	0.72	23.97	89
B2-03	1.75	0.72	22.74	88
B2-04	1.82	0.73	24.06	89
B2-05	1.82	0.73	23.99	89
C1-01	1.07	0.33	23.38	89
C1-02	0.11	0.7	22.95	88
C1-03	1.81	0.67	23.23	89
C1-04	0.86	0.33	24.2	90
C1-05	1.81	0.63	24.3	90
C1-06	7.76	0.73	22.26	88
C1-07	1.87	0.7	24.29	90
C1-08	1.81	0.6	24.83	90
C1-09	1.15	0.33	23.73	89
C1-10	0.65	0.37	23.43	89
C2-01	1.26	0.35	23.75	89
C2-02	1.81	0.71	23.35	88
C2-03	3.91	0.72	22.83	88
C2-04	1.81	0.72	23.89	89
C2-05	1.06	0.35	24.35	90
C2-06	1.74	0.34	22.83	88
C2-07	0.47	0.43	23.17	88
C2-08	1.34	0.71	23.68	89
C2-09	0.5	0.45	23.05	88
C2-10	1.05	0.69	23.94	89
C2-11	0.64	0.43	22.77	88
C2-12	0.9	0.7	22.87	88
C2-13	0.5	0.43	22.77	88
C2-14	1.31	0.69	23.66	88
C2-15	1.43	0.35	23.91	89
C3-01	3.2	0.35	21.79	88
C3-02	7.27	0.72	23.43	89
C3-03	7.27	0.75	21.95	88
C3-04	3.47	0.36	21.78	88
C3-05	5.73	0.53	22.09	88
C3-06	8.18	0.76	21.92	88
C3-07	3.88	0.74	21.81	88
C3-08	1.12	0.7	22.5	88

图4-10 核心地块LID索引图

LID工程道路索引图

道路名称	道路长度（m）	红线宽度（cm）	雨量径流系数	控制雨量（mm）	年径流总量控制率（%）
临渭路（力行路-学镇东路）	2080.535	30	0.652	21.97	88
学苑北路西段（果毅东路-文治西路）	499.69	10	0.682	-	32
学苑北路东段（果毅东路-励志西路）	353.372	10	0.671	-	33
学森一路（果毅东路-励志东路）	1218.54	20	0.752	38.14	95
彭康路（果毅东路-励志东路）	1284.437	10	0.677	-	32
学森二路（果毅东路-梧桐东路）	736.9	20	0.754	37.17	95
学森三路（梧桐西路-梧桐东路）	600	20	0.756	36.22	95
学镇环路（果毅东路-竹园路）	2720.167	30	0.663	22.06	88
学镇东路（临渭路-学镇环路）	363.2	30	0.654	24.87	91
梧桐西路（临渭路-学镇环路）	975.208	20	0.740	43.53	97
文治西路（临渭路-学森一路）	293.927	10	0.674	-	33
樱花西路（学森一路-学森二路）	300	10	0.680	-	32
思源大道（学森三路-学镇环路）	450	60	0.446	27.02	93
思园南路（彭康路-学森三路）	260.991	30	0.658	25.02	91
文治东路（临渭路-学森一路）	293.097	10	0.669	-	33
樱花东路（学森一路-学森二路）	300	10	0.680	-	32
梧桐东路（临渭路-学镇环路）	1242.89	20	0.737	44.60	97
竹园路（学苑北路-彭康路）	303.767	10	0.670	-	32
励志西路（临渭路-彭康路）	416.921	20	0.743	42.10	97
教笃路（临渭路-彭康路）	379.258	10	0.677	-	32

图4-11 道路LID索引图

采用清洁雨水系统为末端景观水系补水（图4-12）。

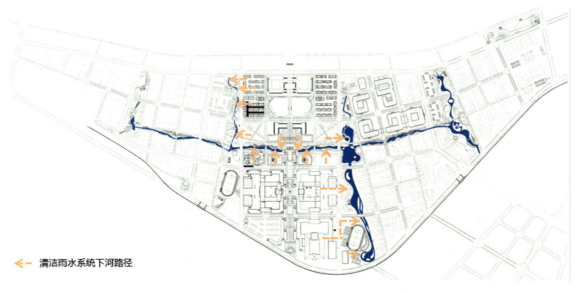

← 清洁雨水系统下河路径

图4-12 雨水系统补水图

（2）过程控制

片区雨水通过雨水系统先排至绿楔，绿楔排至末端调节塘，再通过泵站排入新河，片区管网及泵站平面布置示意见图4-13。

图4-13 雨水管渠系统平面示意图

图4-14 管网汇水分区

根据雨水管网系统共分为7个排水分区，各排水分区位置、规模如图4-14及表4-1所示。

排水分区统计表　　　　　　　　　　　　　　　　　表4-1

分区名称	面积（ha）	分区名称	面积（ha）
排水分区1	134.76	排水分区5	7.68
排水分区2	30.25	排水分区6	11.54
排水分区3	16.87	排水分区7	16.59
排水分区4	14.19	排水分区8	32.66

为尽可能削减下游雨水泵站排放压力，同时有效涵养地下水源，创新港根据不同排水分区的绿地、水系等条件进行了因地制宜的雨水控制与利用。其中，排水分区1、8市政管网雨水经前端弃流、沉淀等净化处理后接入2100m^3、4600m^3、4500m^3渗蓄池就地原位消纳，再排至下游主干管网；排水分区2、3、4、6市政雨水排口经旋流沉砂、湿地净化后接入Ⅰ、Ⅱ号绿楔水系进行补水回用及削峰调节（图4-15、图4-16）。

（3）超标蓄排及出流管控

结合片区道路竖向条件以及绿地调蓄空间，项目通过优化道路竖向设计，将暴雨产流经道路行泄通道临时汇集并传输至Ⅰ、Ⅱ、Ⅲ、Ⅳ号绿楔，利用集中绿地及景观水体进行调蓄。后将绿

图4-15 渗蓄池汇水分区

图4-16 绿楔水系汇水分区

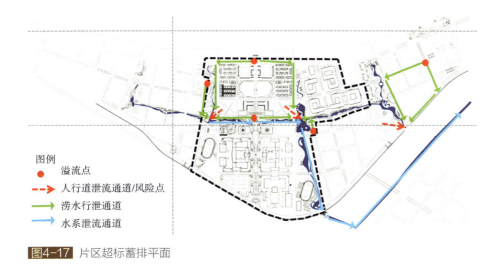

图4-17 片区超标蓄排平面

地调蓄空间溢流接入市政雨水管网，通过雨水泵站排入河内。实现传输过程中超标雨水的调蓄与净化等，减少末端泵站排水压力，减少内涝风险。超标蓄排设施的平面布局如图4-17所示。

（4）水系方案

水系设计时按常水位标高387.5m，溢流标高388.5m，预留1m调节水位，水面面积约2.5万m^2，实际可调蓄面积约3.0万m^2（图4-18）。

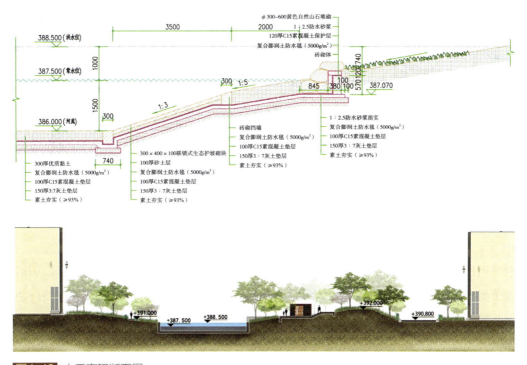

图4-18 水系高程断面图

7. 节点设计

(1) 典型公建项目

该项目占地面积约1.82ha，位于彭康路以北，学森一路以南，竹园路以东，励志西路以西。地块内有教学楼，绿地及硬质铺装的停车场及道路（图4-19）。根据《创新港项目海绵城市专项规划》，该地块年径流总量控制率为88%，对应的设计降雨量为21.78mm。

图4-19 教学楼地块平面位置索引图

1) 子汇水区划分

根据项目区域用地类型、地形资料以及排水管网条件，项目整个地块被划分为4个子汇水分区，各子汇水分区内不同用地类型面积不同，结合设计降雨量，计算得到各子汇水区雨水控制容积（图4-20、表4-2）：

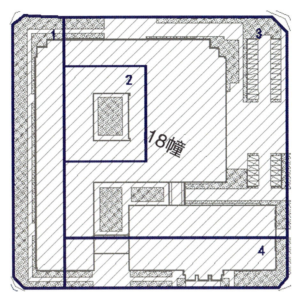

图4-20 子汇水分区划分图

各子汇水区径流控制容积 表4-2

编号	LID设施类型（m²/m³）				可控制容积 Vs（m³）	控制雨量（mm）	年径流总量控制率
	雨水花园	下凹式绿地	砾石层	雨水调蓄池			
1	30	120	150	0	32.5	22.6	88
2	20	60	80	0	27.7	21.7	88
3	50	300	250	50	100.1	22.3	88
4	30	120	150	0	32.5	22.7	89
合计	130	530	660	50	192.8	22.3	88

2）技术路线

项目结合区域用地情况综合使用低影响开发技术措施，例如下凹绿地、雨水花园、透水铺装与雨水渗蓄池等。技术路线如图4-21所示：

3）设计方案

项目根据地形特点，划分子汇水区，确定海绵设施平面布局，并根据控制率计算确定海绵设施规模。将建筑物周边绿地局部设置为下凹绿地或雨水花园等形式，使得屋面雨水和路面径流可以在源头进行滞蓄、入渗和净化处理。为加快雨水入渗，对雨水花园进行局部换填，并进行微地形整理，换填设施占绿地比例6%~10%。换填区结合低点以及管线位置进行布置，并设置盲管，溢流雨水接入溢流雨水口。绿地底部设置砾石层，构建新型清洁雨水通道，渗滤后单独入河（图4-22）。

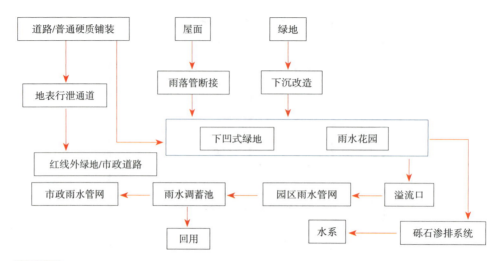

图4-21 LID技术路线

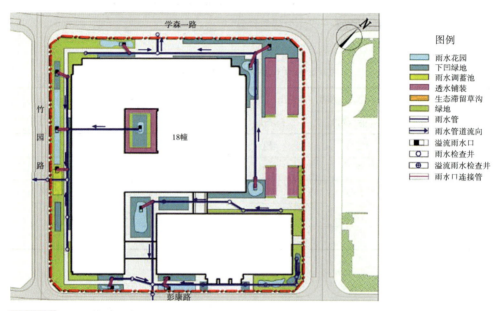

图4-22 LID设施平面布置图

（2）典型道路

临渭路（力行路—学镇东路）为创新港内东西向的主干路，西起果毅东路，东至学镇东路，全长2.08km，红线宽度30m，为新建道路，根据《创新港项目海绵城市专项规划》，本次临渭路采取88%年径流总量指标。道路位置如图4-23所示：

临渭路（力行路—学镇东路）下垫面类型包括沥青路面、硬质铺装、侧绿带三类，参考《西咸新区海绵城市建设—低影响开发技术指南（试行）》，采用加权平均法计算未建设海绵城市前综合径流系数如表4-3所示：

图4-23 临渭路（力行路—学镇东路）平面位置索引图

临渭路（力行路—学镇东路）未建设海绵设施前下垫面情况　　　　表4-3

编号	下垫面类型	面积A（ha）	面积比η（%）	雨量径流系数φ
1	路面（沥青）	3.38	51.84	0.9
2	硬质铺装	1.76	26.99	0.9
3	侧绿地	1.38	21.17	0.15
合计		$A=A_1+A_2+A_3$	$\eta=\eta_1+\eta_2+\eta_3$	$\varphi=(A_1*\varphi_1+A_2*\varphi_2+A_3*\varphi_3)/A$
		6.52	100	0.74

根据道路竖向分析，临渭路（力行路—学镇东路）范围内共有4个相对高点、4个相对低点，根据"高—低—高"方式，将临渭路（力行路—学镇东路）划分为4个子汇水分区，分区域进行控制，每个子汇水分区的道路横断面、下垫面情况基本一致（图4-24）。

1）措施选择与技术流程

根据道路建设的需求，结合创新港的气候与水文地质条件，临渭路（力行路—学镇东路）海绵设施选择传输型植草沟、生态滞留草沟、雨水花园设施进行雨水径流控制。着力构建针对不同重现期降雨，兼顾"源头减排""管渠传输"不同层次相互耦合的雨水综合控制利用系统（图4-25）。

2）总体布局

项目根据临渭路（力行路—学镇东路）各子汇水分区所需径流量控制及下垫面属性，统筹考

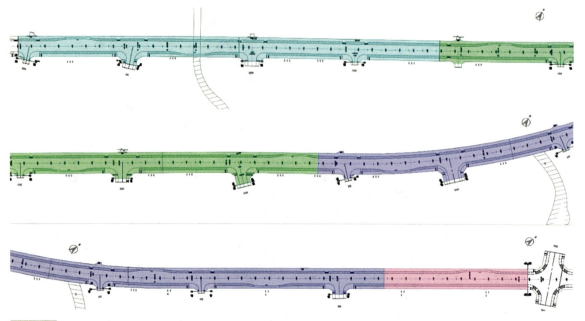

图4-24 汇水分区划分

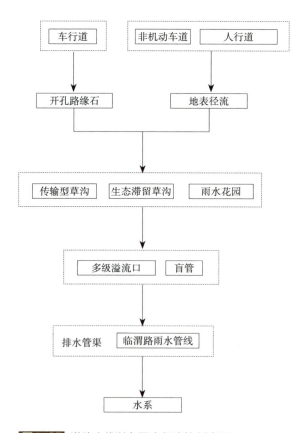

图4-25 道路中线以东雨水径流控制流程

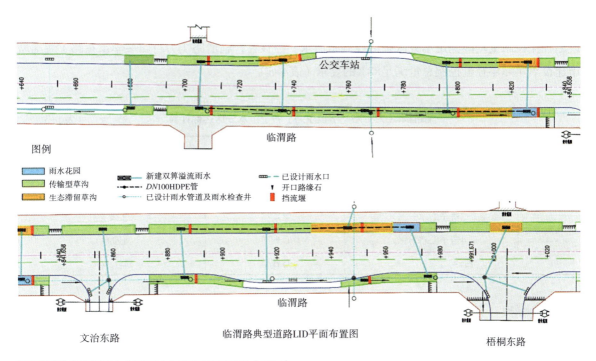

图4-26 2号子汇水分区雨水设施平面布置图（局部）

虑红线内外绿地空间及降雨条件，结合设施径流组织及管网衔接关系，开展设施布局（图4-26）。

3）设施布局与径流组织同样以2号子汇水分区为例

2号子汇水分区利用道路两侧的3.5m侧绿带设置传输型草沟、生态滞留草沟及雨水花园。其中，在道路竖向高点处设置传输型草沟，在低点处设置生态滞留草沟和雨水花园，传输型草沟将高点雨水传输至低点处的生态滞留草沟及雨水花园进行雨水下渗利用，通过植物吸附降解雨水携带污染物，超量雨水进入雨水管渠系统进行排放。

4）径流量控制量试算与达标评估

雨水花园有效面积200m²，生态滞留草沟有效面积600m²，雨水花园及生态滞留草沟总深度1.0m，蓄水层深度0.2m，混合土层0.4m，碎石层0.3m。传输型植草沟有效面积2426m²，通过LID设施，可控制的雨量体积见表4-4：

年径流总量控制率计算　　　　　　　　　　　　　　　　　　　　　表4-4

下垫面总面积（m²）	道路面积（m²）	硬质铺装面积（m²）	绿化面积（m²）	LID设施			综合径流系数	LID控制体积（m³）	控制雨量（mm）	年径流总量控制率（%）
				雨水花园（m²）	滞留草沟（m²）	传输型草沟（m²）				
19142	10812	5104	3226	200	600	2426	0.65	263.91	22.26	88

按照以上方法,详细计算4个子汇水分区设计径流量控制和设施径流控制量,各子汇水分区设施径流控制量均能满足本分区径流控制量需求。经核算,临渭路(力行路—学镇东路)海绵城市建设后实际年径流控制总量满足88%的要求(表4-5)。

临渭路(力行路—学镇东路)各子汇水分区达标计算　　　　表4-5

序号	汇水分区	面积A(hm^2)	设计径流控制量V_x(m^3)
1	1号子汇水分区	1.906	262.806
2	2号子汇水分区	1.914	263.91
3	3号子汇水分区	2.424	334.23
4	4号子汇水分区	0.628	86.59
	合计	6.872	947.536

(3)绿楔

创新港绿楔是创新港板块内部重要的雨水调蓄枢纽和绿地开放空间,同时承担生态景观、小气候调节、师生休憩娱乐、雨水调蓄及净化涵养等多种功能。Ⅰ、Ⅱ、Ⅲ、Ⅳ号绿楔各自的分布情况如图4-27所示。

图4-27　Ⅰ、Ⅱ、Ⅲ、Ⅳ号绿楔分布

Ⅱ、Ⅲ号绿楔为一期开发建设范围，目前已竣工完成，基于绿楔设计手法的综合性，以下以Ⅱ号绿楔为主进行剖析。

1）道路行泄通道

根据区域总体竖向设计情况，Ⅱ号绿楔以彭康路与梧桐东路、竹园路交叉口为片区低点，最低道路控制点标高为389.96m，为有效保障超标暴雨顺利导流至Ⅱ号绿楔景观水系内，在道路边缘处设置道路行泄通道（图4-28）。

图4-28 Ⅱ号绿楔周边区域竖向分析

超标雨水径流在彭康路通过两侧人行道满流至下沉式绿地，后经卵石带消能、过滤净化后排入景观水系，径流汇水关系及现场完工情况如图4-29与图4-30所示。

2）市政雨水排口

从区域排水关系分析，Ⅱ号绿楔承担排水分区二、三、四3个市政雨水排口的汇水量，合计汇水面积61.31ha（图4-31）。

排口经旋流沉砂处理后排入绿楔内部表流湿地净化处理，最后补充绿楔日常景观用水需求。水景内部设置生态浮岛、中水补水及水循环系统；水体内种植芦苇、睡莲等水生植物，构建自然

图4-29 Ⅱ号绿楔彭康路雨水行泄组织关系示意图

图4-30 Ⅱ号绿楔道路行泄通道口现场照片

图4-31　Ⅱ号绿楔管网汇水范围

水生态净化系统,充分保障水系水质(图4-32)。

雨季时根据降雨预报情况提前预降水位,预留充足的雨水调蓄空间。以下预降水位为降雨来临前水面水位与溢流标高388.5m之间的最小高度,若降雨前水系水位满足要求且无连续降雨风险时,可不启动泵站预降水位,并尽可能充分利用雨水资源(表4-6)。

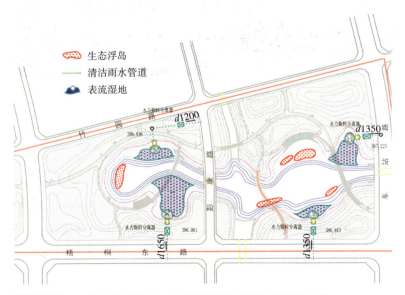

图4-32　Ⅱ号绿楔旋流沉砂、表流湿地及生态浮岛平面分布图

不同重现期预降水位高度　　　　　　　　表4-6

预报降雨情况	预降水位高度（m）
小雨（1年一遇以下）	0.06
中雨（1~3年一遇）	0.31
大雨（3~5年一遇）	0.48
暴雨（5~50年一遇）	0.85
极端暴雨（50年一遇及以上）	1.27

施工完成后，绿楔水系内水面景观、水生动植物系统等运行良好（图4-33）。

图4-33　表流湿地照片

3）内部地块海绵设计

Ⅱ号绿楔内部用地主要包括绿地、运动场、水系、附属设施用房等类型，以绿地下垫面为主，结合用地条件布局雨水花园、植草沟、下沉式绿地等海绵雨水设施，满足85%年径流总量控制率、60%TSS污染负荷削减率指标。设施就地下渗补充地下水，溢流雨水串联后接入景观水系。因绿楔内本身绿地条件较好，具有雨水自然渗透、积存、净化等功能，故本次绿楔地块内海绵设施充分考虑与景观设计相融合，利用精细化地形设计优化海绵雨水设施的形态、构造等。

LID设施平面布局如图4-34、图4-35所示。

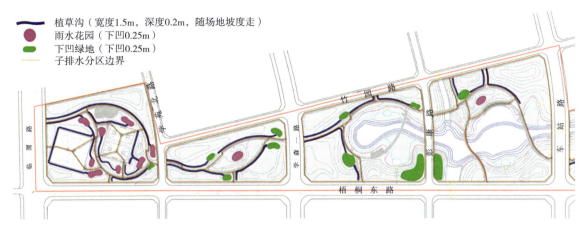

图4-34 Ⅱ号绿楔内海绵雨水设施平面布局（一）

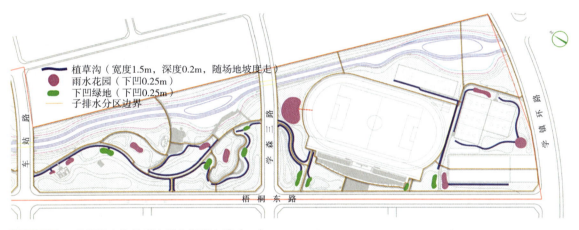

图4-35 Ⅱ号绿楔内海绵雨水设施平面布局（二）

通过LID设施平面布局及规模设计，最终Ⅱ号绿楔总体年径流总量控制率达到85.99%、年TSS污染负荷削减率达到64.50%，不同子排水分区设施规模统计及调蓄容积核算如表4-7所示。

Ⅱ号绿楔海绵雨水设施规模及调蓄容积统计表　　　　表4-7

子汇水区编号	面积（m²）	LID设施			雨量径流系数	LID控制体积（m³）	总控制体积（m³）	控制雨量（mm）	年径流总量控制率（%）
		雨水花园（m²）	下凹绿地（m²）	透水铺装（m²）					
S1	1873.93	85.00	0.00	0.00	0.39	15.73	15.73	21.70	87.00
S2	647.45	45.00	0.00	0.00	0.58	8.33	8.33	22.33	88.00
S3	1797.37	85.00	0.00	0.00	0.40	15.73	15.73	21.73	88.00
S4	3243.37	70.00	0.00	147.90	0.18	12.95	12.95	22.79	89.00

续表

子汇水区编号	面积（m²）	LID设施			雨量径流系数	LID控制体积（m²）	总控制体积（m²）	控制雨量（mm）	年径流总量控制率（%）
		雨水花园（m²）	下凹绿地（m²）	透水铺装（m²）					
S5	619.94	35.00	0.00	0.00	0.43	6.48	6.48	24.04	85.00
S6	851.51	60.00	0.00	0.00	0.61	11.10	11.10	21.43	88.00
S7	1210.50	80.00	0.00	0.00	0.55	14.80	14.80	22.08	88.00
S8	1457.00	80.00	0.00	74.28	0.48	14.80	14.80	21.37	88.00
S9	557.18	0.00	30.00	0.00	0.20	2.52	2.52	23.10	88.00
S10	1069.17	0.00	55.00	58.00	0.20	4.62	4.62	21.41	87.00
S11	2946.12	0.00	155.00	160.41	0.20	13.02	13.02	21.78	87.00
S12	1518.15	0.00	125.00	165.00	0.32	10.50	10.50	21.79	87.00
S13	1458.75	0.00	85.00	67.72	0.22	7.14	7.14	22.26	87.00
S14	2977.71	0.00	165.00	0.00	0.21	13.86	13.86	22.00	87.00
S15	1780.52	0.00	100.00	188.15	0.21	8.40	8.40	22.09	87.00
S16	7097.96	0.00	410.00	270.32	0.59	34.44	34.44	8.16	87.00
S17	782.95	0.00	40.00	0.00	0.19	3.36	3.36	22.19	87.00
S18	3742.33	100.00	162.50	0.00	0.58	32.15	32.15	14.92	87.00
S19	1005.94	101.00	156.00	0.00	0.54	31.79	31.79	58.75	87.00
S20	6061.59	300.00	149.50	0.00	0.69	68.06	68.06	16.32	87.00
S21	1160.85	0.00	100.00	203.08	0.32	8.40	8.40	22.89	87.00
S22	1027.33	0.00	75.00	62.12	0.27	6.30	6.30	22.92	87.00
S23	4436.69	140.00	130.00	0.00	0.38	36.82	36.82	22.10	87.00
S24	6776.28	90.00	172.00	0.00	0.24	31.10	31.10	18.97	85.00
S25	7479.90	0.00	0.00	0.00	0.47	0.00	70.00	20.11	86.00
S26	1880.02	0.00	150.00	0.00	0.34	12.60	12.60	19.63	85.00
S27	1469.94	0.00	80.00	0.00	0.24	6.72	6.72	19.28	85.00
S28	2171.63	70.00	0.00	0.00	0.30	12.95	12.95	20.21	86.00
S29	7545.62	0.00	50.00	0.00	0.16	4.20	24.20	20.61	86.00
S30	1751.26	0.00	140.00	0.00	0.35	11.76	11.76	18.96	85.00
S31	2891.35	0.00	160.00	0.00	0.24	13.44	13.44	19.36	85.00
S32	4652.07	0.00	260.00	0.00	0.24	21.84	21.84	19.51	86.00
S33	22485.6	600.00	0.00	0.00	0.74	111.00	321.0	19.40	85.00
S34	978.03	70.00	0.00	0.00	0.67	12.95	12.95	19.78	85.00

续表

子汇水区编号	面积（m²）	LID设施			雨量径流系数	LID控制体积（m²）	总控制体积（m²）	控制雨量（mm）	年径流总量控制率（%）
		雨水花园（m²）	下凹绿地（m²）	透水铺装（m²）					
S35	4349.36	240.00	0.00	0.00	0.53	44.40	44.40	19.16	85.00
S36	9665.24	620.00	0.00	0.00	0.63	114.70	114.7	18.85	85.00
S37	10148.3	0.00	0.00	0.00	0.15	0.00	30.00	19.71	85.00
S38	4991.29	0.00	0.00	0.00	0.15	0.00	15.00	20.03	86.00
合计							1124	19.57	85.99

场地内雨水花园、植草沟等海绵设施建成效果如图4-36所示，其中部分海绵设施的换填料、铺料还充分利用了本地生产的环保可再生建筑垃圾骨料。

图4-36　Ⅱ号绿楔内雨水花园图

8．建设成效

中国西部科技创新港坚持生态优先原则，通过探索构建海绵型校区的新型排水系统，以绿楔、河网为骨架，以绿地系统为脉络，最大限度减少建设对生态环境和水文循环的影响，达到区域年径流总量控制率85%，年径流污染削减率60%的要求，同时可有效应对50年一遇降雨，综合实现水生态、水资源、水安全、水环境的目标。创新港已成为融生态涵养、湿地保育、教育科普等功能为一体的海绵智慧学镇（图4-37）。

图4-37 中国西部科技创新港实景图

4.2　秦皇大道排涝除险改造

1. 项目基本情况

秦皇大道位于陕西省西咸新区沣西新城核心区，是一条南北向城市主干道（图4-38）。北起统一路，南至横八路，全长约2.43km，红线控制宽度80m，红线外两侧各有35m绿化退让。2011年开始建设，2012年通车运行，承担着极为重要的区域交通骨干枢纽功能。2015年下半年，沣西新城根据道路建成后发现的系列问题和需求，按照海绵城市试点建设要求启动了改造工作（图4-39）。项目总投资1248.84万元，单位长度改造投资约518.93万元/km。

图4-38 秦皇大道区位示意图

2. 场地条件分析

（1）下垫面条件

改造前秦皇大道下垫面类型包括沥青路面（13.44hm^2）、硬质铺装（2.06hm^2）、绿地（3.70hm^2）三类，参考《西咸新区海绵城市建设技术指南及图集（试行）》中各类型下垫面雨量径流系数取值，采用加权平均法计算，改造前综合雨量径流系数为0.745。

图4-39 秦皇大道海绵城市改造后实景图

（2）竖向与管网条件

秦皇大道整体地势平坦，场地内标高最低点为387.43m，最高点为388.96m，最大纵坡0.75%，最小纵坡0.35%，最小坡长190m。道路纵坡一方面会引导雨水向低点汇聚，在管网传输能力不足时，容易造成积涝；另一方面会对利用侧分带设置的海绵雨水设施调蓄功能的发挥产生不利影响，对雨水在设施内流动速率及土壤冲刷侵蚀控制等带来困难。

秦皇大道采用分流制排水系统，雨水管网系统已经建成，主要收集路面径流和道路两侧地块的雨水，设计标准为2年一遇，设计埋深2~4m，设计管径$DN500~DN1000$，设计服务面积63hm^2。秦皇大道雨水管网分为两个排区（图4-40），其中统一路—横四路之间路段排入渭河2号排水系统，经规划沣景路泵站提升排入渭河；横四路—横八路之间路段雨水经管网排入沣西新城核心区雨洪调蓄枢纽——中心绿廊。

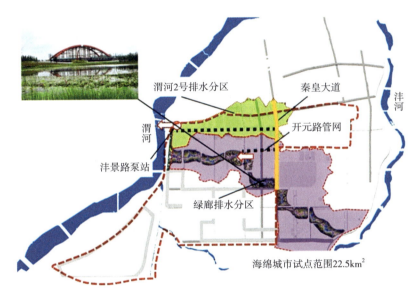

图4-40 秦皇大道雨水组织排放及受纳水体（中心绿廊）示意图

3．面临的突出问题及需求分析

（1）土壤地质环境特殊性为海绵城市设施设计带来挑战

秦皇大道所在区域原状土壤渗透性能较差，影响海绵雨水设施渗滞蓄功能发挥，如何对原状土进行改良，系统提升其透水、保水（基于景观植物生长需要）及截污净化（基于面源污染控制）等综合性能成为首先要解决的问题；另一方面，该区域地质属非自重湿陷性黄土，虽然湿陷性等级不高（Ⅰ级），然而浸水发生结构破坏、承载能力骤然下降、发生显著变形的风险依旧很大。

（2）排水系统尚不健全，积水内涝问题风险较高

秦皇大道全段汇水面积较大，雨水沿绿化带边缘雨水箅子直接排走，无法下渗、滞蓄，径流

图4-41 改造前路面雨水快排图

图4-42 改造前路面积水情况

源头控制不足；强降雨条件下短时可汇集大量雨水，由于道路纵坡存在低洼，加之下游管网及泵站尚未建成，故自建成以来多次发生积水问题，严重威胁交通安全（图4-41、图4-42）。

（3）雨水受纳体水环境保护要求高，季节性面源污染风险大

秦皇大道南段雨水受纳体中心绿廊作为新城终端雨洪调蓄枢纽、生态廊道与水资源涵养利用中心，其水质为地表Ⅳ类，远期规划达到地表Ⅲ类水平。秦皇大道作为衔接源头地块、区域管网、中心绿廊的骨干纽带，其径流雨水携带大量下垫面污染物（SS、COD、TN、TP、重金属、油、脂等）输入绿廊，极易造成水系污染及生态系统破坏。

（4）区域排水过度依赖末端提升，能耗过高

秦皇大道北段所在的渭河2号排水分区汇水面积3.07km^2，现状管网末端埋深为地下9.42m，低于渭河丰河道水面约5.4m，低于河滩8.5m，雨水无法靠重力流排入渭河，主要依靠末端泵站提升。规划的沣景路雨水泵站设计流量11.84m^3/s，单泵设计水量9000m^3/h，扬程16.5m，电机功率630kW，工作电压10kV，按此核算，年径流排放体积约89.4万m^3，年排水能耗高达6.26万kW·h。

4. 海绵城市改造目标与设计思路

项目综合考虑秦皇大道气候、降雨、水文、地质等环境本底特征，结合海绵城市建设理念及规划管控指标要求，确定改造目标，因地制宜创造性开展设计。

（1）设计目标

秦皇大道南北贯穿沣西新城中部，是新城非常重要的交通、景观通道，在设计之初便给予了其较高的定位，即：

1）西北地区城市快速主干路海绵城市建设示范；

2）湿陷性黄土地质及土壤下渗性能不良地区道路LID技术创新与研究示范；

3）道路雨水径流减排及污染源头控制技术耦合研究与应用。

根据《沣西新城海绵城市专项规划》等上位规划分解秦皇大道径流总量及污染控制指标要求，统筹考虑项目自身径流控制及与周边地块、水体的水量、水质衔接关系，确定项目建设目标

如下：

①体积控制目标：本项目年径流总量控制率为85%，对应设计降雨量19.2mm；

②流量控制目标：通过LID、管网系统建设，排水能力达到3年一遇标准，可有效应对规划区内50年一遇暴雨；

③径流污染总量控制目标：本项目TSS总量去除率不低于60%。

（2）设计原则

项目以问题和需求为导向，在规划目标指导下，遵循系统性、因地制宜、经济性和创新性等原则进行设计。

1）系统设计，内外衔接

项目根据面临的问题与需求，考虑雨水净化、滞蓄与安全外排等多重目标，进行系统设计，统筹考虑道路和红线外场地条件，实现项目自身与周边地块的相互衔接。

2）安全为本，因地制宜

项目充分考虑湿陷性地质构造特点，在确保不对道路基础造成破坏性影响的前提下进行海绵城市改造；根据项目条件，选用适宜的雨水设施，并根据实际需求进行设计优化，搭配适宜本地气候特征的植物组合。

3）保护优先，经济合理

项目充分保护绿地内既有乔木，采取局部改造，确保重要乔木不被破坏；同时针对本项目的定位和特点，优选低建设成本、便于运营维护、环保、节地的技术措施和材料，合理利用地形、管网条件，科学布局，充分发挥LID、管网等不同设施功能。

4）本地融合，技术创新

项目在上述原则基础上，结合自身条件和特征，对选用的各类雨水设施进行结构、功能以及布局形式的创新与优化，在适应项目条件的同时，降低建设和运营维护难度。

5．海绵城市改造设计方案

（1）设计流程

方案设计依据《西咸新区海绵城市建设技术指南及图集（试行）》要求，结合自身特点对设计流程进行优化调整，具体如下：

1）强化试验研究对设计过程的反馈

设计过程中，项目针对工程所在区域表层土壤下渗性能较差的特点，进行了土壤介质换填配比研究。分别采用不同换填介质和配比方案进行小试与中试试验，获取渗透性能较好且兼顾植物生长保水需要的最优土壤配比方案，并将其反馈到设计中，以合理确定设施规模与布局。

2）组织开展关键技术专家论证

针对湿陷性黄土地质构造特点，项目进行了雨水下渗风险规避技术专家论证。结合论证意见，在道路低点处设置集中浅层、入渗区域，将侧分带收集的径流通过上游传输型草沟输送至集中下渗区进行控制；集中下渗设施底部设置蓄水砾石层，并经集水盲管与雨水管线衔接；设施底部和两侧进行两布一膜防渗处理，并在集中进水口处设置L型支撑防护挡墙，从而规避因雨水下渗导致道路结构破坏。

3）建立健全项目审查与方案优化反馈机制

沣西新城建立了项目方案及施工图设计审查与联络工作机制。在项目设计管控中，由咨询单位和海绵技术中心对项目方案设计和施工图设计进行联合审查，对各阶段审查发现的技术问题通过审查意见联络单形式向设计单位进行反馈，方案和图纸按意见完善后方可进行下一阶段工作。

（2）总体方案设计

1）设计径流控制量计算

根据秦皇大道改造前下垫面类型和规模（沥青路面、硬质铺装、绿地），参照《海绵城市建设——低影响开发雨水系统构建指南（试行）》中相关雨量径流系数参考值，结合项目特征，采用加权平均法计算秦皇大道综合雨量径流系数为0.745，详细计算过程见表4-8，按照容积法计算，秦皇大道设计总径流控制量须不小于2858.6m^3。

秦皇大道改造前下垫面情况 表4-8

编号	下垫面类别	面积A（ha）	百分比η（%）	雨量径流系数φ
1	路面（沥青）	13.44	70	0.9
2	硬质铺装	2.06	10.7	0.8
3	绿地	3.70	19.3	0.15
合计		$A=A_1+A_2+A_3$ 19.2	$\eta=\eta_1+\eta_2+\eta_3$ 100	$\varphi=(A_1*\varphi_1+A_2*\varphi_2+A_3*\varphi_3)/(A_1+A_2+A_3)$ 0.745

2）竖向设计与汇水分区

根据道路现状竖向分析，秦皇大道红线范围内共有6个相对高点、5个相对低点，根据"高—低—高"方式，将秦皇大道划分为5个子汇水分区，分区域进行控制，每个子汇水分区的道路横断面、下垫面情况基本一致（图4-43）。

3）措施选择与技术流程

根据项目改造面临的问题和需求，结合所在地气候与水文地质条件，尤其是湿陷性黄土地质构造、干旱少雨气候等特征，选择雨水花园、传输型草沟、生态滞留草沟、透水铺装、雨水塘等类型设施进行雨水径流控制。着力构建针对不同重现期降雨，兼顾"源头减排""管渠传输""排涝除险"不同层级相互耦合的雨水综合控制利用系统（图4-44）。

4）总体布局

根据秦皇大道各子汇水分区所需径流控制量及下垫面属性，统筹考虑红线内外绿地空间及降

第4章 典型工程案例 / 147

图4-43 秦皇大道汇水单元分区示意图

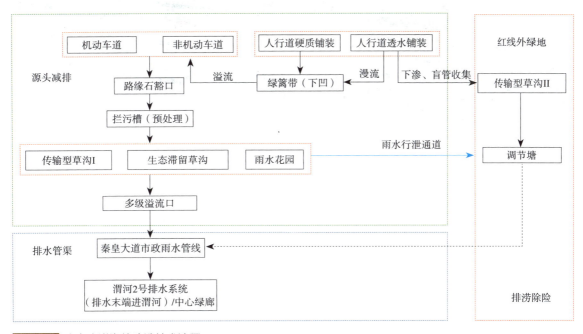

图4-44 秦皇大道海绵改造技术流程

雨径流控制条件（设计降雨和50年一遇极端降雨），结合设施径流组织及管网衔接关系，开展设施布置（图4-45~图4-47）。

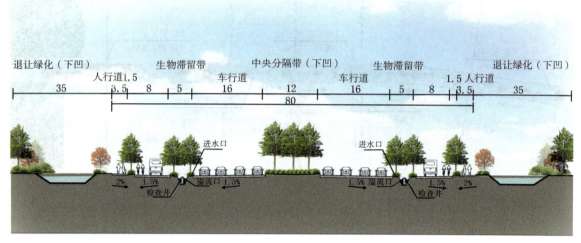

图4-45 秦皇大道LID改造横断面布置图

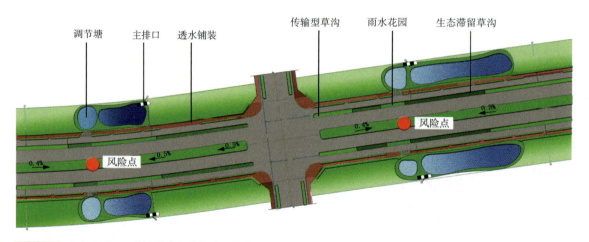

图4-46 秦皇大道LID改造平面布置图（局部）

（3）分区详细设计

以秦皇大道1号子汇水分区为典型单元，对该汇水分区内设施布局、径流控制量进行试算，并利用该方法对项目径流控制总量、设施径流控制量及达标情况等进行评估核算。

1）设施布局与径流组织——以1号子汇水分区为例

1号子汇水分区内利用机非分隔带设置传输型草沟、雨水花园、生态滞留草沟和雨水塘。其中，在侧分带竖向高点处利用机非分隔带设置传输型草沟，在低点处设置生态滞留草沟和雨水花园（图4-48），利用传输型草沟将高点雨水传输至道路低点进行控制；针对极端降雨条件下的

图4-47 秦皇大道LID改造平面布置图（径流组织与排涝除险）

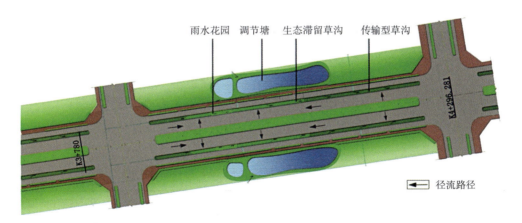

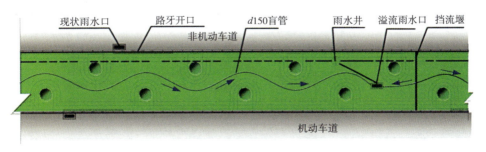

图4-48 秦皇大道1号子汇水分区雨水设施平面布置（局部）及径流组织

积水内涝风险，利用道路两侧35m退让绿地设置分散式雨水调节塘，对暴雨径流进行调蓄调节控制。

2）径流控制量试算与达标评估

根据秦皇大道1号子汇水分区下垫面情况，根据容积法计算1号子汇水分区所需径流控制量为526.18m³，考虑到既有乔木避让及其他施工因素会导致设施有效容积衰减，故此处取安全余量系数1.1，得出秦皇大道1号子汇水分区总需径流控制量为578.8 m³（表4-9）。

1号子汇水分区径流控制量计算　　　　表4-9

编号	下垫面类别	面积A（hm²）	雨量径流系数φ	设计径流控制量V_x（m³）
1	路面（沥青）	2.72	0.9	470.02
2	硬质铺装（SB砖）	0.18	0.8	27.65
3	透水铺装	0.24	0.4	18.43
4	绿地（中分带不产流）	0.35	0.15	10.08
合计		$A=A_1+A_2+A_3+A_4$	$\varphi=(A_1*\varphi_1+A_2*\varphi_2+A_3*\varphi_3+A_4*\varphi_4)/A$	$V_x=V_{x1}+V_{x2}+V_{x3}+V_{x4}$
		3.49	0.785	526.18

注：雨量径流系数取值参考《海绵城市建设——低影响开发雨水系统技术指南（试行）》。

秦皇大道1号子汇水分区内采用的透水铺装、雨水花园、生态滞留草沟、传输型草沟等设施组合的总径流控制量经计算可达594.5m³（表4-10），大于其所需径流控制量578.8m³要求。

秦皇大道1号子汇水分区海绵雨水设施径流控制量计算　　　　表4-10

编号	设施类型	面积A（hm²）	设计参数	设计径流控制量V_x 算法	m³
1	雨水花园（生态滞留槽沟）	0.11	蓄水高度0.2m，种植介质土0.5m，砾石层厚0.4m	$V_x=A*$（临时蓄水深度*1+种植介质土厚度*0.3+碎石层厚度*0.4）*容积折减系数	384.846
2	传输型草沟（一）	0.11	蓄水高度0.2m		152.46
3	传输型草沟（二）	0.13	蓄水高度0.1m		57.2
4	透水铺装	0.24	仅参与综合雨量径流系数计算，结构内空隙容积不计入径流控制量		0
合计					594.506

按照以上方法，详细计算5个子汇水分区设计径流控制量和设施径流控制量，各子汇水分区

设施总径流控制量均能满足本分区径流控制量需求。经核算，秦皇大道LID改造后实际总径流控制量2887.5m³，满足雨水径流控制量2858.6m³的要求，反算相当于20.9mm设计降雨量，对应年径流总量控制率87%，满足规划控制目标（85%）要求（表4-11）。

秦皇大道各子汇水分区达标水文计算　　　　　　　　　表4-11

序号	汇水分区	面积A hm²	设计径流控制量 m³	设施径流控制量V_s m³
1	1号子汇水分区	3.9	578.8	594.5
2	2号子汇水分区	3.1	460.7	464.8
3	3号子汇水分区	3.2	477.8	482.2
4	4号子汇水分区	5.5	817.9	820.5
5	5号子汇水分区	3.5	523.4	525.5
合计		19.2	2858.6	2887.5

（4）结果模拟评估

采用SWMM模型，对沣西新城不同重现期下24h雨型（图4-49）进行模拟，分析对不同降雨量条件下，设施运行与达标情况。

1）年径流总量控制率达标分析

年径流总量控制率指标是在多年平均降雨量统计分析的基础上形成的，考虑到降雨的随机性（包括逐年降雨的随机性和场降雨的随机性），无法用某一年实际降雨对该指标进行准确核算。这里采用对秦皇大道各类雨水设施年径流总量控制率所对应的24h降雨（典型雨型）的控制情况进行模拟分析计算，校核达标情况。根据模型模拟结果，当24h降雨量不超过19.2mm时，传统开发模式下汇水区径流峰值流量$q_1=0.32$m³/s，按本方案实施后项目外排径流量为0，径流峰值流量$q_2=0.0$m³/s，削峰径流量$\Delta q=0.32$m³/s（图4-49）。

2）50年一遇暴雨径流峰值削减能力校核

50年一遇24h降雨条件下，传统开发模式径流峰值流量$q_1=2.63$m³/s，LID开发模式下径流峰值流量$q_2=2.23$m³/s，削峰流量$\Delta q=0.4$m³/s，下降15.2%；有海绵雨水设施径流峰值出现时间相比传统模式径流峰值出现时间滞后约5min（图4-50）。

（5）典型设施节点设计

1）侧分带典型海绵雨水设施做法

鉴于湿陷性黄土地质雨水下渗威胁路基安全，工程改造时在集中进水口处设计了一种"L"形钢筋混凝土防水挡墙结构，对路基进行侧向支护，同时规避雨水侧渗，侧分带LID改造时可直接垂直下挖，减小对路基、路面的影响。同时，挡墙紧贴路牙，可发挥靠背支撑作用。挡墙采用

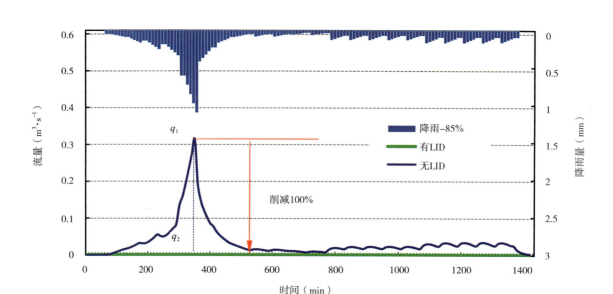

图4-49 设计降雨条件下不同开发模式径流控制对比分析

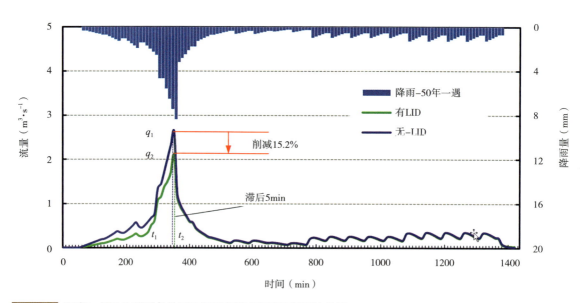

图4-50 50年一遇24h降雨条件下不同开发模式径流控制对比分析

C30钢筋混凝土结构，8m一节，设伸缩缝，结构底宽50cm，高度根据生物滞留设施尺寸调整，一般要求垫层底低于道路路基底50cm。与传统砖砌支护、防水土工布敷设（易破损）相比，混凝土挡墙隔水效果更好，抗弯能力更高，对路基支撑也更强。该结构较传统防水砖墙造价差异不大（180~240元/m），且只在侧分带纵向低点土壤换填段（生态滞留草沟、雨水花园处）使用，不会大幅增加投资。

经专家论证，该防渗思路及措施路径是合理安全的，可有效应对雨水下渗引发的湿陷性黄土湿载变形灾害。下一步，将在加强区域水文地质环境系统勘察调研的基础上，针对不同场景海绵雨水设施布局及周边建（构）筑物基础形式及承载原理，开展多学科融合研究，结合项目特征，在布局、方法与路径方面，进一步优化方案，提高该措施针对性和普适性。

传输型草沟（图4-51）主要布置在机非分隔带起端入流处，用于传输径流，与道路纵坡同坡，只做表面下凹，底部不换填；种植35~50mm地被植物，草沟与车行道或辅道衔接处设置防渗土工布。

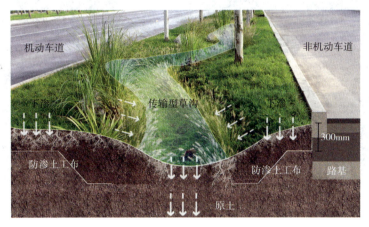

图4-51 秦皇大道侧分带传输型草沟典型做法示意图

生态滞留草沟（图4-52）主要布置在传输型草沟的下游，进行土壤改良换填来增强雨水下渗、滞蓄能力，换填时避开乔木位置。挡流堰设置在溢流雨水口下游1~2m处，用以减缓流速，提高设施蓄渗功能，采用土坎的形式（堰高与溢流雨水口齐平），中间埋设DN50PVC管，管口用砾石覆盖。

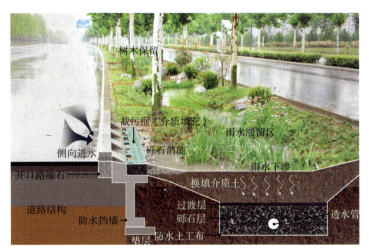

图4-52 秦皇大道侧分带生态滞留草沟典型做法示意图

图4-53 秦皇大道侧分带生物滞留带与市政管线衔接关系

本项目传输型草沟与生态滞留草沟（含雨水花园）的比例为2.2∶1，不同项目需根据计算具体确定。侧分带内雨水在生物滞留设施内下渗、滞蓄、净化并缓排，当遇到超过设计降雨量的极端降雨发生时，来不及下渗的超标雨水则通过溢流雨水口（图4-53）进入管道系统。

植物是海绵雨水设施的重要组成部分。改造中，侧分带乔木保持不动，地被植物优先选用本土植物，适当搭配外来物种。传输型植草沟选择抗雨水冲刷的草本植物及根系发达的植物，从而更利于稳固沟道土壤，实践中沟底选用早熟禾草皮铺底，节点选用南天竹、紫叶矮樱、红叶石楠及置石点状搭配，沟坡选用地被石竹、狼尾草等，沟顶至绿化带边沿选用细叶麦冬种植。生态滞留草沟以适应沙土种植的地被为主，沟底铺设河卵石，种植观赏植物，节点以狼尾草、矮蒲苇和景观置石组合，边坡种植豆瓣黄杨，沟顶至绿化带边沿种植细叶麦冬。雨水花园以花灌木和草本花卉为主，沟底以大小砾石铺地，节点以银边草、迷迭香、白花松果菊、狼尾草、细叶芒及景观置石组合，边坡种植小龙柏，沟顶至绿化带种植细叶麦冬（表4-12）。

前期应用实践中，个别植物种群出现生长状况不佳，枯萎死亡的现象；有些坡面因雨水径流冲刷，产生侵蚀沟，导致水土流失。及时调整后，总体达到了满足海绵功能、生长良好、层次分明、色相丰富、四季有景的效果（图4-54）。后期将启动海绵雨水设施与植物搭配专项研究，通过本土植物保留与改良、种苗配置、种子混播等途径，筛选出适宜于本土的适旱、耐积水植物种及群落景观配置方案。

秦皇大道海绵雨水设施植物配置方案　　　　　　表4-12

序号	设施类型	植物配置
1	传输型草沟	细叶麦冬、地被石竹、南天竹、紫叶矮樱、红叶石楠、红枫
2	生态滞留草沟	细叶麦冬、铺地柏、狼尾草、细叶芒、葱兰、矮蒲苇、银边草
3	雨水花园	黄菖蒲、灯芯草、鸢尾、狼尾草、细叶芒、葱兰

图4-54　部分选配植物实景

2）人行步道透水铺装做法

秦皇大道两侧人行道下供电通信电缆管沟埋深较浅，仅有0.3m。在保障路基强度和稳定性的前提下，将人行道硬质铺装改造为浅层透水砖铺装结构（兼有孔隙和缝隙透水），透水基层内设置排水管并与红线外传输型草沟衔接，形成局部系统（图4-55）。小雨时，透水结构可渗透、滞蓄雨水；大雨时，与附近的绿地共同发挥作用，可达到错峰效果。

3）雨水行泄及调节

采用XPSWMM软件进行道路内涝模拟分析（模型参数详见表4-13）。经计算，下游雨水系统通畅情况下，50年一遇暴雨发生时，道路低点K3+210、K3+585和K3+977处内涝风险较大。2016

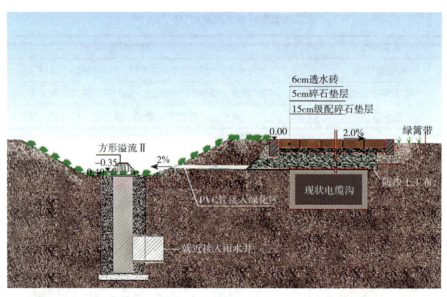

图4-55 透水铺装与红线外绿地结合设计示意图

年8月25日沣西新城发生50年一遇暴雨，秦皇大道桩号K3+585有内涝产生，并将辅道和侧分带草沟淹没，因此本模拟分析结果接近实际情况。

秦皇大道内涝模拟参数（SWMM） 表4-13

模拟方法			
降雨产流采用Iorton扣损法，汇流采用Laurenson非线型法			
设计雨型			
50年一遇24h降雨			
管道参数			
曼宁系数	0.014	沿程阻力损失系数	0.025
进口局部阻力损失系数	0.5	出口局部阻力损失系数	0.5
汇水区参数			
面积	集水区面积		
特征宽度	地表径流的流径宽度，面积/集水区对角线长度或者面积开根号		
集水区坡度	集水区地面整体坡度，根据道路纵坡确定		
不透水率	屋顶取100%，绿地不透水率取0，铺装100%		
地面曼宁系数	不透水取0.012，透水取0.15		
洼地存储	不透水取2.5mm，透水取5mm（带路牙绿地取100mm）。根据西咸新区地块绿地率和LID控制目标，经过测算，模型中降雨产流考虑地块31mm雨水不外排进行概化计算		

续表

无洼蓄不透水面积百分比		屋面取90%，铺装取50%
透水区下渗模型	渗透系数	最大渗透率取1.06×10⁻³m/d，最小渗透率区2.08×10⁻⁴m/d
	霍顿曲线下渗速率衰减常数	典型值为2~7天，本案例取4天
	土壤干燥时间	典型值为2~14天，本案例取7天
	最大下渗量	不应用，本案例取0天

注：模型参数取值主要依据《沣西新城雨水工程专项规划》《室外排水设计规范（2016年版）》GB 50014—2006《SWMM中文使用手册》及相关文献和工程经验，结合本地实际情况选取。

在道路低点处，在道路两侧红线外35m退让绿地内设置分散式调节塘，每个调节塘包括前置塘和蓄渗区两部分。涝水通过调节塘内设置的放空管进入雨水管道系统排走。溢流雨水通过在调节塘边缘增设方形溢流雨水口排入雨水管道系统。当50年一遇暴雨发生时，车行道和中分带径流雨水通过路牙开口，进入侧分带海绵雨水设施内，滞蓄，溢流雨水进入管道系统。不能及时排除的涝水，经涝水行泄通道（人行道暗涵）进入道路两侧退让绿化中设置的调节塘滞蓄，最终经排空管和设施溢流口进入管道系统（图4-56）。

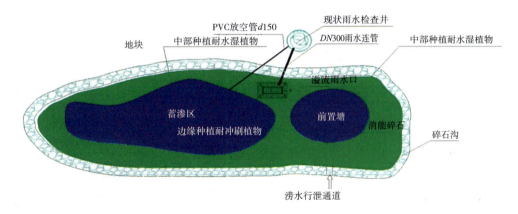

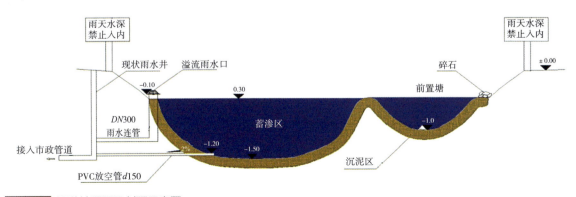

图4-56 调节塘平面及剖面示意图

结合内涝模拟情况,在内涝风险较大的区域,利用红线外退让绿地设置调节塘6处,总调节容积14300m³(表4-14)。

调节塘设计调节容积　　　　　　　　　　　　　　　　表4-14

桩号	调节塘规模/m³	合计/m³
K3+210	东西两侧各1600	
K3+585	东西两侧各1750	14300
K3+977	东西两侧各3800	

(6)基础研究与产业化

海绵改造过程中,为提高土壤渗蓄能力,沣西新城开展了介质换填试验研究。主要利用常见农林业废弃物及建筑材料(椰糠、沙子、锯末等)作填料,与原状土进行不同体积比混合(40%粗砂:40%原土:20%椰糠),在模拟自然压实度情况下,对混合土介质持水量及渗透性进行对比检测(图4-57),初步得出适用于本土道路海绵雨水设施换填介质的配比方案。

(a)换填介质渗透实验　　(b)换填介质击实试验　　(c)换填介质植物搭配滤柱试验

图4-57　海绵雨水设施土壤换填介质配比试验研究过程

针对海绵城市建设中海绵雨水设施换填介质总量需求大、拌合要求高(破碎度、均匀度、计量精确度)等实际,沣西新城研发了全国首台"海绵城市LID换填土拌合设备(图4-58)",并于2016年3月30日正式投产使用。该项设备的研发应用,保证了换填混合土配比的可计量和程序化操控,大大提升了原材料利用率和生产效率,以前人工20t/d的产量被提升至40~50t/h的产量,充分满足了海绵城市建设施工需求。这也成为沣西新城积极探索海绵城市"四新"研究成果转化,构建未来产业化格局的初步尝试。

(a) 全国首台"海绵城市LID换填土拌合设备"　　(b) 换填介质拌合成品料

图4-58 海绵雨水设施土壤换填介质拌合生产过程

6. 建设效果

(1) 工程造价

秦皇大道海绵城市改造工程总投资1248.84万元，单位改造投资约518.93万元/km；关键设施单位面积投资：传输型草沟约32.09元/m²，生态滞留草沟和雨水花园约242.19元/m²，透水铺装约172.37元/m²，调节塘约13.78元/m²。详细投资情况见表4-15。

秦皇大道海绵城市改造工程投资　　　　表4-15

序号	工程造价（不涉及管网改造及绿化）			单位综合造价（元）
	项目	数量	造价（万元）	
1	砖砌平箅式双箅雨水口	90座	56.59	6287.78
2	d300雨水连管	300m		720
3	d150盲管	2000m	60.60	180
4	d150 PVC管	150m		200
5	传输型草沟	11500m²	36.90	32.09
6	生态滞留草沟和雨水花园	5400m²	130.78	242.19
7	L型钢筋混凝土挡墙（含拦污槽）	465.6m²	34.74	746.13
8	透水铺装	11575m²	199.52	172.37
9	开口路牙	930个	82.98	892.26
10	挡流堰	70个	2.67	381.43
11	调节塘	14300m²	19.71	13.78

续表

序号	工程造价（不涉及管网改造及绿化）			单位综合造价（元）
	项目	数量	造价（万元）	
12	人行道排水暗涵	28m	2.69	960.71
13	土方外运	27194m³	223.61	82.23
14	人工费增加	—	126.73	—
15	其他	—	155.24	—
16	规费、税金	—	116.08	—
	合计		1248.84	

注：该工程投资表中不含设施绿化费用。

（2）直观效果

工程改造时，对侧分带内乔木予以保留，地被植物优先选用耐淹、耐旱，具有较强净污效果的本土植物，适当搭配外来物种，改造后，秦皇大道侧分带植物配置得到丰富，景观效果得到极大提升（图4-59）。

图4-59 秦皇大道海绵改造前后对比

对秦皇大道进水方式进行集中改造，在原雨水箅子内填充砾石、粗砂等介质，将其改造为雨水预处理设施；雨水箅子后路缘石开豁口，将道路雨水组织引导至侧分带内滞蓄并消纳；同时，为防止径流雨水中垃圾、泥土等物质长期输入可能导致海绵雨水设施表层板结、透水性能下降，且易造成冲蚀等问题，设计时在路牙开口后增设拦污槽（内填10~25mm建筑垃圾再生碎石）可有效滤除雨水杂质、分散径流并消能（图4-60）。

通过海绵改造，秦皇大道原有易涝积水问题得到有效消除或缓解（图4-61），1~2年一遇低重现期降雨发生时，直观观测无明显积水产生，确保了交通出行安全（图4-62）。

（a）改造前雨水箅子　　　　　　　　　（b）改造后雨水箅子与路缘石豁口

图4-60　秦皇大道海绵改造前后进水方式对比

（a）改造前路面积水情况　　　　　　　（b）改造后路面无明显积水

图4-61　改造前后积水情况对比

图4-62　项目改造后整体效果展示

（3）监测结果

1）道路积水改善情况监测

秦皇大道改造前，1~2年一遇重现期降雨发生时，积水深度≥15cm，积水时间≥2h，面积≥500m²的内涝积水点经监测共有3处（图4-63）。LID改造后，根据5场成涝监测数据，确定设计降雨条件下2处积水得到消除，1处积水显著改善。对比改造前2015年8月2日（30.4mm，5h，2年一遇单峰降雨）与改造后2016年6月23日（31.4mm，7h，2年一遇单峰降雨）两场相似暴雨发现：①②号积水点基本消除；③号积水点得到明显缓解，最大积水面积减少70%，积水深度降低53%，积水时间缩短至2h以内。

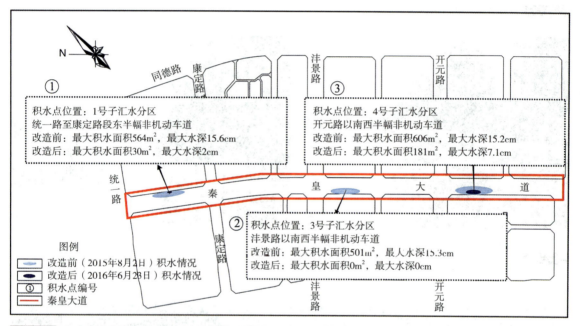

图4-63 秦皇大道改造前后内涝积水改善情况监测

2）径流污染削减效果监测

工程改造完成之后，对2016年6月1日（降雨量5mm，历时4h）、7月24日（降雨量30mm，历时2h）、8月27日（降雨量98.15mm，历时13h）三场降雨进行了实地取样监测，各类雨水设施对TSS、TP、COD_{Cr}、NH_3-H等去除效果明显，场次降雨污染物浓度平均去除率分别可达62.40%、71.50%、65.87%和75.37%（表4-16）。后续，待侧分带海绵雨水设施流量监测设备安装到位后，可实现污染物负荷削减率的动态、准确监测。

秦皇大道海绵雨水设施进出水水质监测 表4-16

监测日期	监测数据	监测指标			
		SS	TP	COD_{Cr}	NH_3-N
2016/6/1	设施入流均值（mg/L）	72.00	0.42	58.30	0.56
	设施出流均值（mg/L）	28.00	0.09	16.60	0.10
	污染物去除率（%）	61.10	78.60	71.50	82.10
2016/7/24	设施入流均值（mg/L）	128.00	0.50	98.80	0.67
	设施出流均值（mg/L）	46.00	0.14	33.10	0.15
	污染物去除率	64.10	72.00	66.50	77.60
2016/8/27	设施入流均值（mg/L）	311.00	0.61	139.20	1.25
	设施出流均值（mg/L）	118.00	0.22	56.20	0.42
	污染物去除率（%）	62.00	63.90	59.60	66.40
平均去除率（%）		62.40	71.50	65.87	75.37

注：此处设施"入流"指路缘石豁口进水，"出流"指设施底部排水盲管出水。

7. 效益分析

秦皇大道海绵城市改造项目依托新城"公园城"规划基础及低影响开发策略先期规划融入优势，统筹协调道路红线内外绿地空间与竖向条件，合理配置海绵雨水设施，严格落实控制指标，综合实现了交通、景观、环境、雨水径流及污染控制、区域排涝除险等多重功效，承载能力不断提升。通过初步监测与模拟分析测算，项目已发挥出较佳的海绵效益。

1）年径流总量控制率测算可达87%，50年一遇24h降雨峰值流量模拟削减达15.2%，可有效降低下游管网及末端泵站的排水压力。

2）现状场次降雨径流污染物浓度削减率为：TSS：62.40%、COD_{Cr}：65.87%、TP：71.50%、NH_3-N：75.37%，基本实现径流污染的有效控制，降低了末端受纳水体污染风险。

3）道路积水状况得到显著改善，在中小降雨事件中无明显积水产生。原有3处积水区域中，2处消除，1处积水面积、积水深度、积水时间较改造前明显缩小。随着下游管网及泵站工程的建设完善，区域排水防涝能力将进一步提升。

4）通过"L"型钢筋混凝土挡墙支护和生物滞留介质人工换填等技术手段较好地解决了湿陷性黄土地质、原土渗透性能差等制约低影响开发雨水系统设计的不利因素，并在海绵城市生物滞留设施介质产业化生产方面进行了积极探索。

4.3 数据六路
——全国首条应用于机动车道的全透水柔性结构沥青路面研究示范

1. 项目概况

数据六路位于沣西新城管委会西南方向,东至秦皇大道,西接信息四路,北邻德尚医院,南临119指挥中心,属于中心绿廊排水片区(图4-64)。道路等级为城市支路,宽度20m,双向2车道,设计车速30km/h。重点围绕机动车道全透水沥青路面进行试验示范,积累城市市政道路全透水路面设计经验,为探索解决路面承载安全性与透水路面多孔隙结构的矛盾提供研究支撑。示范段主要为信息四路至兴咸路段,场地地势平坦,道路纵断面主要以信息四路、兴咸路设计高程为控制点,全长166m,最小纵坡0.3%,最大纵坡0.4%,最小坡长85m。

图4-64 数据六路实景图

拟建线路场地为非自重黄土湿陷场地,黄土地基湿陷等级为Ⅰ(轻微)级;地基土层分布及岩性特征如表4-17所示。该区域沙层埋深浅、渗透性良好、地下水埋深较深、下部无其他不透水岩层,砂基承载力良好,适宜于开展全透式道路设计(表4-18)。

数据六路（信息四路至兴咸路段）土质地勘　　　　　　　　　　表4-17

土质（m）	土层厚度（m）	土层描述
素填土（387.8~388.4）	0.40~0.50	杂色，土质不均，结构松散，含植物根茎等；局部为杂填土，可见砖块、灰渣等
黄土状土（386.2~387.9）	1.0~1.6	褐黄色，土质较均匀，具大孔性，针状孔隙较发育，含植物根、异色土块及钙质条纹，可塑~硬塑，属中压缩性土
中细砂（382.2~386.9）	4.0~4.5	浅灰~灰色，矿物成分以石英、长石为主，可见云母片等，稍湿，松散
中粗砂（376.2~382.4）	≥6.0	褐黄~浅灰色，矿物成分以石英、长石为主，可见云母片等，湿，稍密

典型土壤类型渗透系数　　　　　　　　　　表4-18

土质	渗透系数K_s	
	mm/d	m/s
黏土	<5	<6×10^{-8}
粉质黏土	5~100	6×10^{-8}~1100^{-6}
黏质粉土	100~500	1×10^{-6}~6×10^{-6}
黄土	250~500	3×10^{-6}~6×10^{-6}
粉砂	500~1000	6×10^{-6}~1×10^{-5}
细砂	1000~5000	1×10^{-5}~6×10^{-5}
中砂	5000~20000	6×10^{-5}~2×10^{-4}
均质中砂	35000~50000	4×10^{-4}~6×10^{-4}
粗砂	20000~50000	2×10^{-4}~6×10^{-4}
均质粗砂	60000~75000	7×10^{-4}~8×10^{-4}

2．研究及设计目标

（1）研究目标

1）透水路面材料组成设计研究

基于透水路面路用性能和功能性能双重要求，确定合理的透水路面材料组成，在保证路面结构性能的前提下，充分发挥透水功能。

2）基于半刚性基层和柔性基层透水路面结构设计

路面采用面层、基层、底基层全透水的组合结构，考虑间断级配沥青混合料、大粒径沥青稳定碎石混合料和多孔水稳碎石材料。设计时结合半刚性基层和柔性基层的性能，提出了半刚性基层和柔性基层的透水路面结构设计方案。

3）全透水沥青路面温湿度监测

项目监测降雨前后全透水沥青路面的温湿度变化，评估全透水沥青路面雨洪管理情况，提出了适合沣西新城水文地质的全透水沥青路面设计指标，为西咸新区、陕西省及全国范围内全透水沥青路面建设提供了技术参考。

4）透水沥青路面对入渗雨水水质的影响

项目评价了不同材料与结构组合的透水结构层对悬浮固体SS、有机污染物COD以及重金属、石油类污染物等的净化效果，优化了透水路面材料组成和结构组合设计。

（2）设计目标

根据上位规划条件分解指标要求，统筹考虑项目自身径流控制与周边地块、水体水量、水质衔接关系，确定建设目标为：年径流总量控制率为65%，TSS总量去除率不低于46%，通过LID、管网系统建设，排水能力达到3年一遇标准，可有效应对50年一遇暴雨。

3. 设计方案

（1）设计思路

本项目设计思路为充分考虑一级非自重湿陷性地质特点，在确保道路基础安全前提下，优化设计路面透水结构与材料组成，保证中小降雨条件下路表不积水，且路面结构内蓄积雨水能够在降雨结束后快速排除。选择透水铺装、生物滞留带设施类型进行超标雨水径流控制，着力构建不同重现期降雨兼顾"源头减排""管渠传输""排涝除险"不同层级相互耦合的雨水综合控制利用系统（图4-65）。

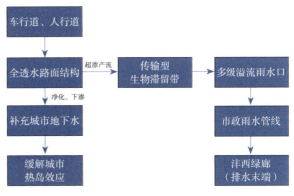

图4-65 技术流程

（2）总体方案设计

1）全透水路面设计方案

①路基处理

12m车行道采用全透水路面结构。根据区域地质情况，黄土层较浅（1.0~1.6m），底下均为砂层，清除表面杂填土后，采用中粗砂对路基进行换填处理，处理深度至原状砂层。

②路面结构设计

为研究全透水路面结构层组合，分两段设计两种路面结构，透水基层分别采用多孔水泥稳定碎石和ATPB-25沥青混合料基层：

上面层：4cm细粒式透水沥青混合料（PAC-13，采用高黏度改性沥青）（空隙率18%~25%）；

下面层：6cm中粒式透水沥青混合料（PAC-20，采用高黏度改性沥青）（空隙率18%~25%）；

基层：36cm骨架空隙型水泥稳定碎石（K0+035–K0+125段）/36cm沥青混合料基层ATPB-25（K0+125–K0+201段）；

底基层：30cm级配碎石；

车行道全透水路面结构总厚度：76cm。

2）汇水分区划分

根据道路现状竖向分析，数据六路（信息四路—兴咸路）红线范围内有1个相对低点，根据"高—低—高"方式，将数据六路（信息四路—兴咸路）划分为1个独立汇水区，汇水区的道路横断面、下垫面情况基本一致。

①设施总体布局

根据数据六路（信息四路—兴咸路）汇水区所需径流控制量及下垫面属性，统筹考虑红线内绿地空间及降雨径流控制条件（设计降雨和50年一遇极端降雨），结合设施径流组织及管网衔接关系，开展设施布置（图4-66~图4-68）。

低影响开发设施管网衔接：数据六路（信息四路—兴咸路）段市政雨水管道起点为兴咸路，终点为信息四路，路面超标雨水流至绿地，经绿地下渗后超标雨水经溢流口进入市政管道，汇至末端中心绿廊。

②监测方案

全透水路面应具有良好的透水功能，对透水能力进行合理评价是项目示范的关键内容。在综合考虑其材料组成、配合比设计等影响因素的基础上，通过现场观测，研究探索空隙率对路用性能及透水功能的影响规律，提出了透水路面合理结构层组合和评价指标体系。在试验路两种结构断面内分别埋设大量温度、湿度传感器，对降雨过程中路面结构内的水温状况进行跟踪观测，同步在密实断面埋设相同传感器用于对比分析。传感器布设方案如图4-69、图4-70所示。

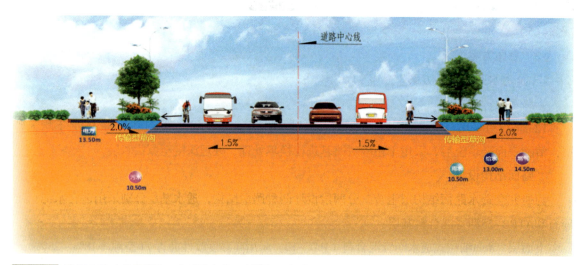

图4-66 数据六路（信息四路—兴咸路）段LID横断面布置图

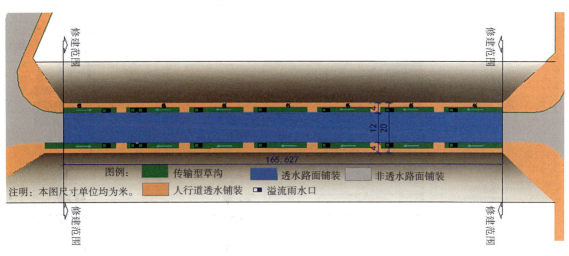

图4-67 数据六路(信息四路—兴咸路)段LID平面布置图

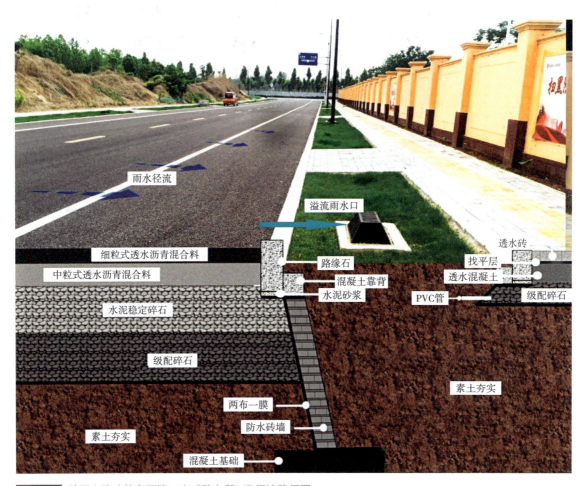

图4-68 数据六路(信息四路—兴咸路)段LID径流路径图

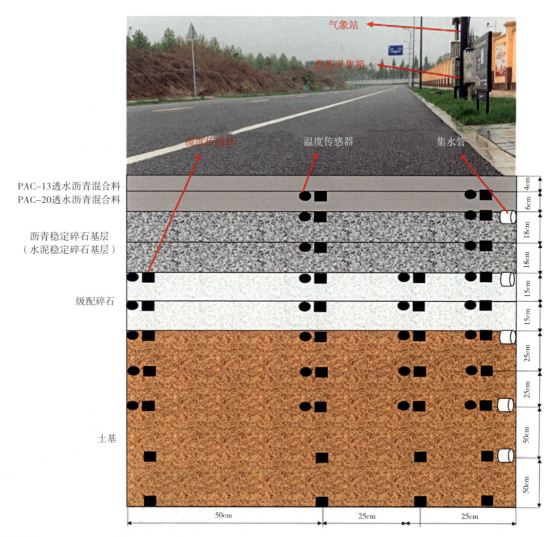

图4-69 全透水路面传感器及水管横断面布设方案

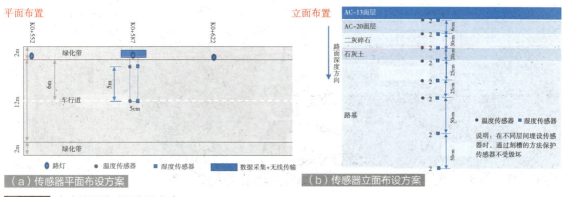

（a）传感器平面布设方案　　（b）传感器立面布设方案

图4-70 密实路面传感器布设方案

路面底部预留了自主研发雨水收集装置收集渗入各结构层地表径流,以测试水体水质情况,分析各层路面结构对地表径流的净化效果,评价不同材料与结构组合的透水结构层对悬浮固体SS、有机污染物COD以及重金属、石油类污染物等的净化效果。

（3）设施计算及校核

数据六路（信息四路—兴咸路）段汇水区内充分利用机非分隔带设置传输型草沟进行雨水控制；针对极端降雨条件下的积水内涝风险，利用绿带内溢流雨水口将超标雨水通过管网传输至末端中心绿廊，实现暴雨径流调节控制（图4-71）。

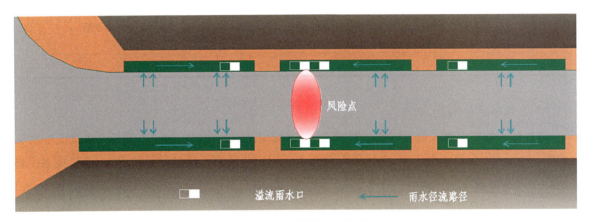

图4-71 数据六路（信息四路—兴咸路）雨水设施平面布置及径流组织

1）径流控制量试算与达标评估

根据汇水区下垫面情况，依据容积法计算所需径流控制量为13.57m³，考虑到既有乔木避让及其他施工因素会导致设施有效容积衰减，故此处取安全余量系数1.1，得出径流控制总量为14.93m³（表4-19）。

汇水区径流控制量计算　　　　　　　表4-19

编号	下垫面类别	面积A（hm²）	雨量径流系数φ	设计径流控制量V_x（m³）
1	透水铺装路面（沥青）	0.199	0.4	7.99
2	硬质铺装（SB砖）北侧人行道	0.041	0.8	3.30
3	透水铺装（南侧人行道）	0.041	0.4	1.65
4	传输型草沟（侧分带）	0.042	0.15	0.63
合计		$A=A_1+A_2+A_3+A_4$	$\varphi=(A_1*\varphi_1+A_2*\varphi_2+A_3*\varphi_3+A_4*\varphi_4)/A$	$V_x=V_{x1}+V_{x2}+V_{x3}+V_{x4}$
		0.323	0.418	13.57

注：雨量径流系数取值参考《海绵城市建设——低影响开发雨水系统技术指南（试行）》

汇水区内采用的透水铺装、传输型草沟等设施组合的总径流控制量经计算可达18.48m³（表4-20），大于其所需径流控制量14.93m³要求。

数据六路（信息四路—兴咸路）汇水区海绵雨水设计径流控制量计算　　　表4-20

编号	设施类型	面积A hm²	设计参数	设计径流控制量V_x 算法	m³
1	传输型草沟	0.042	蓄水高度0.1m	$V_x=A*$（临时蓄水深度*1+种植介质土厚度*0.3+碎石层厚度*0.4）*容积折减系数	18.48
2	透水铺装（路面）	0.199	仅参与综合雨量径流系数计算，结构内空隙容积不计入径流控制量		0
3	透水铺装（南侧人行道）	0.041			0
合计					18.48

2）设施布局及规模计算

经核算，数据六路（信息四路—兴咸路）实际总径流控制量18.48m³，满足雨水径流控制量14.93m³的要求，反算相当于12.44mm设计降雨量，对应年径流总量控制率72.3%，满足规划控制目标（65%）要求（表4-21）。

数据六路（信息四路—兴咸路）汇水分区达标水文计算　　　表4-21

汇水分区	面积A hm²	设计径流控制量 m³	设计径流控制量V_x m³
合计	0.323	14.93	18.48

（4）路面结构设计

根据半刚性基层和柔性基层两种透水路面结构设计需求，提出相同土质类型条件下透水性能的混合料材料与结构组成设计方法与功能评判技术，从上至下依次为PAC-13上面层、PAC-20下面层、多孔水泥稳定碎石基层/ATPB-25沥青混合料基层、级配碎石底基层、砂性土路基，路面结构如图4-72所示。

4．施工及运营维护

（1）施工技术

本工程全透水路面施工工艺流程如图4-73所示。

区别于传统市政道路施工，全透水路面在各工序施工过程中应尤其注意以下方面：

1）路基处理。因路基土质为砂性土，流动性比较大，直接用压路机不易压实，可采用水坠法提高路基密实度。粗平后分格设置围堰浇水，连续进行浇水，其中砂基顶面上的水深应不小

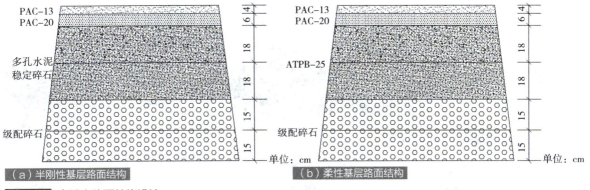

图4-72 全透水路面结构设计

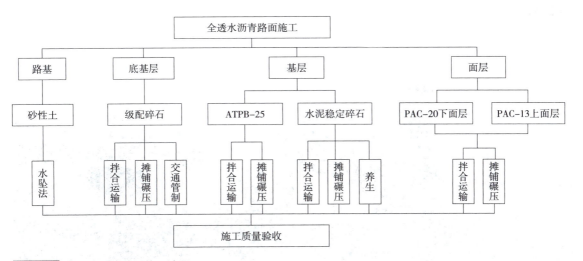

图4-73 全透水沥青路面施工流程

于20cm，带水储满整个分格，目测水面下沉缓慢，不再有细微气泡冒出时，即可停止分格进水。处理后的路基压实度应大于97%。

2）级配碎石底基层施工。采用平地机和装载机进行摊铺，混合料松铺系数宜为1.30。采用重型击实试验法确定压实度，底基层分两层进行摊铺，每层摊铺厚度为15cm，用18~23t重型振动压路机碾压，压实度应大于98%（图4-74）。

3）ATPB-25基层施工。ATPB基层沥青混合料的拌合时间需大于50s，且应严格控制ATPB基层沥青混合料的出厂温度。摊铺时摊铺机应保持匀速前进，不得随意停顿或改变方向（图4-75）。

4）水泥稳定碎石基层施工。该部分应分两层施工，每层施工厚度为18cm，并在同一天内完成施工任务，摊铺时应保证无离析现象。当水泥稳定碎石基层碾压成型，压实度合格后，立即用洒水车洒水养护，养护期不少于7天（图4-76）。

图4-74 级配碎石底基层施工

图4-75 ATPB-25基层施工

图4-76 水泥稳定碎石基层施工

图4-77 PAC面层施工

5）PAC面层施工（图4-77）。沥青混合料拌合时间应经试拌确定，以沥青均匀裹覆集料为宜，拌合时间不宜小于50s，对于直投式高黏改性剂，拌合时先加入集料和高黏剂拌10s，然后再加入基质沥青拌40s。面层碾压时压路机禁止开振动，先用13t双钢轮压路机静压3遍，然后20t胶轮压路机静压1遍，最后13t双钢轮压路机收光1遍。

（2）运营维护

透水沥青路面在开放交通3~7年时，透水能力降低至通车初期的约50%，需采取有效的养护维修技术。透水沥青路面维护分为预防性维护和恢复性维护。预防性日常维护采用吸扫式清扫和纯吸式清扫两种方式进行，可根据道路的交通量和清洁程度安排频率，每2~3天清扫一次；恢复性维护采用高压水冲吸式清洗方式，每季度或者每2~3个月清洗一次的频率进行路面功能恢复性维护。

5．成效模拟监测评估

（1）结果模拟评估

采用SWMM模型对不同重现期下24h雨型进行模拟，分析不同降雨量条件下，设施运行与达标情况。

1）研究区域概化

根据数据六路的城市规划图和雨水管网图，遵循概化原则确定汇水区域。排水管网系统管道概化为1段，管径500mm，检查井节点2个，排水口1个，调控措施2种（传输型草沟、透水铺装），下垫面类型分为道路、绿地，概化结果见图4-78。

2）参数率定验证

采用SWMM建模运行结果作为模型参数校准目标函数，通过SWMM模型模拟计算得到的地表径流与流量验算连续性误差，对模型中主要的参数进行率定验证（表4-22）。

参考SWMM5.1使用手册以及沣西新城已有相关研究进行参数初设。地表径流子系统入渗和

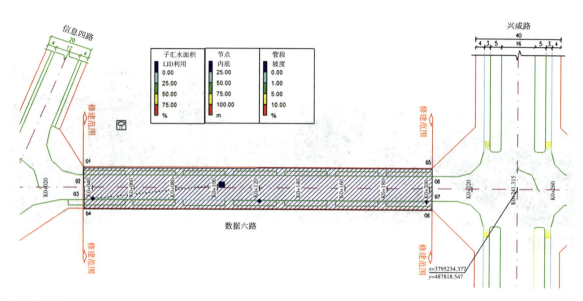

图4-78 建模界面的平面图

汇流的过程分别选用Horton模型和非线性水库地表漫流模型,排水管网系统的流动和输送模拟过程选用运动波方程和完全混合一阶衰减方程。

参数率定过程

表4-22

待率定参数	初设值	参数调整		
		第1次	第2次	第3次
透水区曼宁系数	0.17	0.16	0.15	0.15
不透水区曼宁系数	0.016	0.015	0.014	0.013
透水区洼蓄量	4.73	4.8	4.9	5
不透水区洼蓄量	0.1	0.12	0.14	0.15
最大下渗速率	25.6	26	28	30
最小下渗速率	3.7	4	4.5	5
地表径流连续性误差	0.88%	0.78%	0.65%	0.40%
流量验算连续性误差	0.78%	0.76%	0.70%	0.30%
连续性误差范围	0~2%			

3)年径流总量控制率达标分析

采用设计降雨条件进行场地年径流总量控制率达标情况的模拟分析计算,结果显示,当24h降雨量不超过19.2mm时,传统开发模式下汇水区径流峰值流量q_1=0.0479m^3/s,按本方案实施后项目外排径流量为0，径流峰值流量q_2=0.0m³/s，削峰径流量Δq=0.0479m³/s（图4-79）。

4）50年一遇暴雨径流峰值削减能力校核

50年一遇24h降雨条件下，传统开发模式径流峰值流量q_1=0.06 m³/s，LID开发模式下径流峰值流量q_2=0.037m³/s，削峰流量Δq=0.023m³/s，下降38%；有海绵雨水设施的径流峰值出现时间相比传统模式径流峰值出现时间滞后约8min（图4-80）。

5）SS控制率达标分析

本工程所选各类雨水设施对SS去除率参照《海绵城市建设技术指南（试行）》取值范围，并结合实地监测情况确定。传输型草沟系统对SS去除率以70%计，经计算本项目每年对SS污染负荷削减率可达到50.6%（表4-23），满足规划指标（46%）的要求。

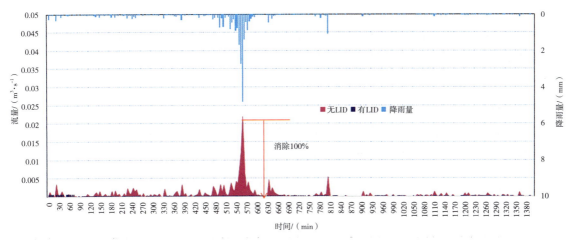

图4-79 设计降雨条件下不同开发模式径流控制对比分析

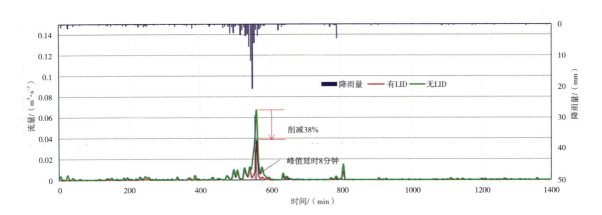

图4-80 50年一遇24h降雨条件下不同开发模式径流控制对比分析

数据六路(信息四路—兴咸路)雨水设施对径流雨水SS去除情况计算表　　表4-23

地块编号	面积(m²)	雨水设施控制量(m³)		设施对SS综合去除率(%)	对SS负荷去除率(%)
		传输型草沟	透水铺装(路面)		
1	3230	18.48	0.0	70%	50.6%

(2)监测效果评价

以2019年4月20日的降雨为例,对其降雨前后的温湿度进行分析,图4-81为本次降雨情况。

4月20日降雨持续时间为18h20min(2019/4/20 2:20~2019/4/20 20:40),降雨量39mm,根据气象分类,24h内降雨量超过25mm为大雨。

1)温度监测结果

由图4-82可知,本次降雨密实路面面层温度降低了5℃,全透水沥青路面面层降低了6℃;密实路面面层温始终高于全透水沥青路面,最大温差出现在降雨开始后20min,温差为3.25℃,全透水沥青路面对于缓解城市热岛效应有明显作用。

2)湿度监测结果

①雨水能够有效入渗至砂层

由图4-83可知,此次降雨引起路基顶面以下150cm处的湿度变化,说明雨水沿路面结构一直入渗到路基之下,具备有效补充地下水源的条件。

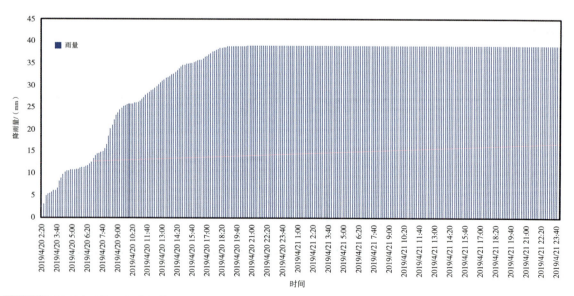

图4-81　2019年4月20日降雨量

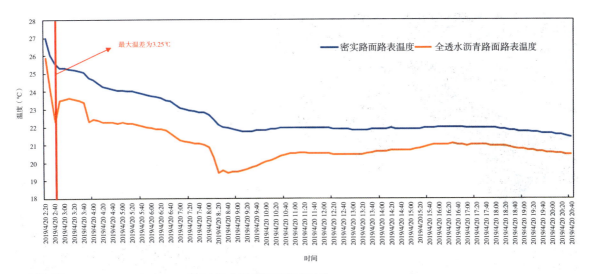

图4-82 降雨过程中密实路面和全透水沥青路面面层温度对比

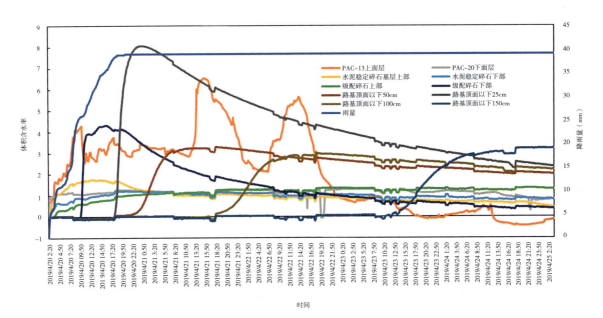

图4-83 2019年4月20日~25日湿度数据监测

② 全透水沥青路面透水性良好

降雨时，雨水沿路表面向下渗透，当接触到湿度传感器感应区域时，传感器监测到体积含水率增大，当水分离开传感器感应区，继续下渗时，该层湿度传感器的体积含水率减小。由于PAC-13上面层的体积含水率起伏变化，且未出现含水率持续升高或保持不变的状态，当降雨量为39mm，平均降雨强度为0.035mm/min时，雨水能够连续下渗，路面表面始终没有积水存在（图4-84）。

（a）密实路面　　（b）全透水沥青路面

图4-84　降雨后两种路面积水状况

3）水质监测结果

对两种全透水路面进行雨汛期水质抽样检测。

①半刚性基层路面对地表径流过滤状况

如图4-85所示，经半刚性基层路面结构过滤后，浊度、PP、AVO、COD、BOD等污染物指标浓度与雨水原样齐平，甚至低于雨水原样；其中SS去除率达47.5%，COD去除率为82.1%，BOD去除率为77.89%。由于该道路通车时间不长，其Zn、Cd、Cr、Pb、Cu等重金属的污染物含量前后没有明显变化。全透水路面在施工建设过程中并未产生明显含量的重金属污染，但是伴随着未来道路车辆通行、尾气排放、石油类污染物渗漏等因素影响，仍需持续关注对地下水的污染风险评价。

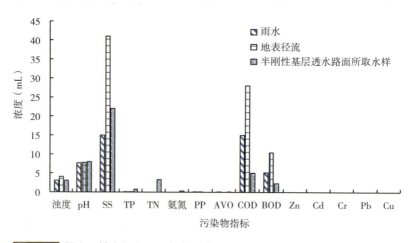

图4-85　雨水、地表径流及透水路面过滤后的水质污染物含量

②柔性基层路面结构对地表径流过滤状况

如图4-86所示，经柔性基层全透水路面结构过滤后，其浊度可降至最低，大大增加了入渗水质的清洁度；其pH值保持在7左右，与雨水和地表径流相比未有明显变化；SS浓度远小于地表径流，其去除率达68%；TP去除率为28.6%；由于其路面材料中含有腐殖质及微生物，其TN含量稍有增加；氨氮、PP及AVO含量变化不明显；COD和BOD含量明显低于地表径流，其中COD去除率为39.2%，BOD去除率为27.8%；其余重金属含量未产生明显变化。

全透水沥青路面的施工过程不会产生污染地下水的重金属污染物，其对地表径流污染物中的浊度、SS、BOD和COD的过滤效果良好，且沥青路面不会增加对地下水质产生污染的石油类污染物。

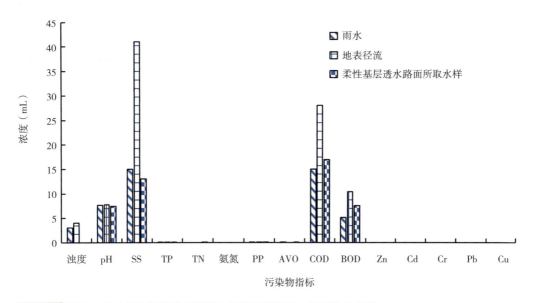

图4-86 雨水、地表径流及柔性基层透水路面过滤后的水质污染物含量

6. 投资分析及成效总结

（1）投资及成本分析

数据六路全透水沥青路面试验段海绵城市建设增量投资为197.98万元，单位投资约1194.93万元/km；关键设施单位面积投资：传输型草沟约32.09元/m²，车行道全透水沥青路面铺装367.4元/m²，人行道透水铺装约172.37元/m²，详细投资情况见表4-24。

同等条件的传统不透水沥青路面铺装造价为300~350元/m²，相应排水工程造价有所增加。总体相比，采用全透水沥青路面工程造价不会出现较大增幅，但全透水沥青路面在满足道路路用性能的同时，能够有效补充地下水源，削减地表径流，净化水质，具有良好的融雪化冰及缓解城市热岛效应等效益。

海绵城市建设增量投资　　　　　　　　　　表4-24

序号	工程造价（不涉及管网改造及绿化）			单位综合造价（元）
	项目	数量	造价（万元）	
1	车行道全透水沥青路面铺装	1988.16 m²	73.04	367.4
2	人行道透水铺装	758.72 m²	13.08	172.37
3	路基处理：中粗砂换填	3976.3 m³	75.58	190.08
4	砖砌平箅式单箅溢流口	14座	4.40	3143.89
5	d300雨水连管	144.9m	10.43	720
6	传输型草沟	560m²	1.80	32.09
7	防水砖墙	59.6m³	4.45	746.13
8	规费、税金	—	15.19	—
	合计	—	197.98	—

注：该工程投资表中不含设施绿化费用。

（2）建设成效

1）设计目标达标情况

通过初步监测与模拟分析测算，项目已发挥出较佳的海绵效益。

①年径流总量控制率测算可达72.3%，50年一遇24h降雨峰值流量模拟削减达38%，可有效降低下游管网及末端泵站排水压力。

②现状场次降雨径流污染物浓度削减率为：TSS 50.6%，基本实现径流污染的有效控制，降低末端受纳水体污染风险。

③通过全透水沥青路面、传输型生态滞留带、溢流雨水管网的建设，项目排水能力达到3年一遇标准，可有效应对规划区内50年一遇暴雨。

2）总体成效评估

作为西北地区极少采用的全透式沥青路面，经海绵化建设完成后，示范效应明显，可作为海绵城市建设科普的重要项目之一。

透水沥青路面可防止汽车行驶溅水、提高路面的防滑性能、改善路面反射视觉效果，有效提高雨天行驶安全性，同时降低车辆行驶噪声，保证行车安全、舒适、高效，减少城市不透水面积，雨水径流量较传统开发模式减少约20%。其在通过局部微气候的改善，增加行人活动舒适度的同时，还有助于热岛效应的缓解，对改进城市自然水文循环起到重要作用。

4.4 康定和园海绵城市建设项目

1. 项目基本情况

康定和园（安置小区）位于西咸新区沣西新城白马河以西，康定路以南，同心路以东，文景路以北（图4-87）。项目一期占地11.84hm²，于2012年8月28日开工建设，共3208套安置房，总建筑面积约40.77万m²，计划安置村民7222人。项目室外工程总投资1726.43万元，单位面积投资为303.89元/m²，其中海绵城市建设部分投资单价73.28元/m²。

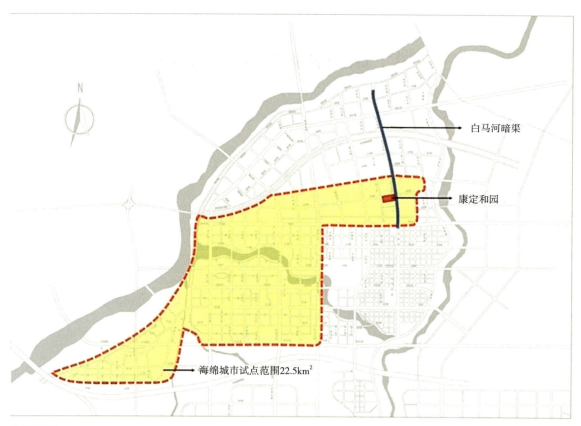

图4-87 康定和园（安置小区）区位图

2. 场地条件

（1）用地类型与地下空间

康定和园下垫面包括建筑屋面、小区道路、硬质铺装、透水铺装、绿地等类型，工程区设计了大面积地下车库（图4-88），现状车库覆土厚度约1.5m，其中车库顶板结构荷载室外道路区域可达2.5m覆土厚度，其余区域荷载能力可达1.5m覆土厚度。

（2）竖向与管网分析

项目整体地势平坦，地形中间高，四周低，场地内标高最低点387.00m，最高点387.75m［图4-89（a）］，道路纵坡均不超过1%，横坡为单向横坡，坡度为1.5%。场地地表竖向条件有利

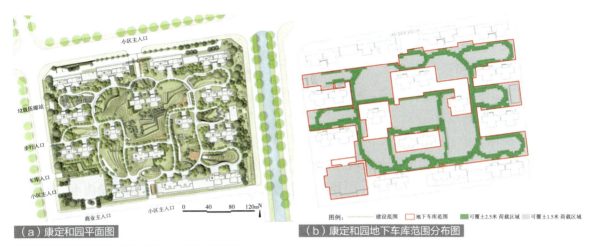

(a)康定和园平面图　　(b)康定和园地下车库范围分布图

图4-88 康定和园用地情况与地下车库平面图

于极端暴雨条件下的雨水径流以地表漫流形式有效外排。

小区采用分流制排水系统，雨水设计排水重现期为2年一遇，分为东西两个排水分区，分别向北接入康定路雨水市政管网，康定路市政雨水管网设计排水能力为2年一遇[图4-89（b）]。

3．问题与需求分析

项目面临地质特性、气候条件不利于雨水下渗与植物配置，所在汇水区存在排水防涝、水环境等核心问题。

（1）湿陷性黄土不利于下渗型雨水设施应用

西咸新区地处湿陷性黄土广泛分布区域，雨水下渗易对湿陷性黄土地质构造承载力造成不良影响；另外表层黄土、粉质黏土以及大面积地下车库等限制因素不利于雨水下渗，以上因素是本

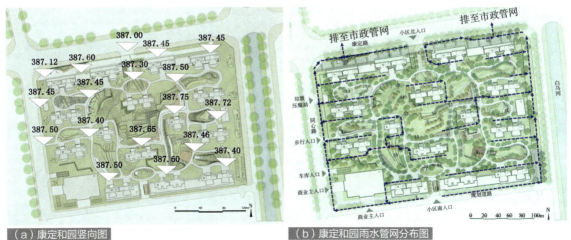

(a)康定和园竖向图　　(b)康定和园雨水管网分布图

图4-89 康定和园雨水管网平面图

项目建设面临的现实挑战。

（2）西北干旱地区海绵城市建设植物配置要求高

项目地处西北地区，蒸发量远大于降雨量，空气干燥、土壤保水能力较差、含水率偏低，用于雨水花园等生物滞留设施的植物，需兼具耐旱、耐淹、耐污、耐寒等多重要求，因而对景观植物配置提出了更高标准。

（3）区域雨水排水防涝压力大、管理要求高

康定和园项目所在排水区汇水面积达5.42km²，区域雨水经白马河及下游暗渠向北，通过末端的临时泵站提升排入渭河（图4-90）。由于泵站排水能力有限，现状暴雨时大量雨水依赖白马河及暗渠的临时调节空间，随着区域不断建设，汇入雨水径流量激增，现有调节空间与排水能力将难以满足区域排水防涝需求。

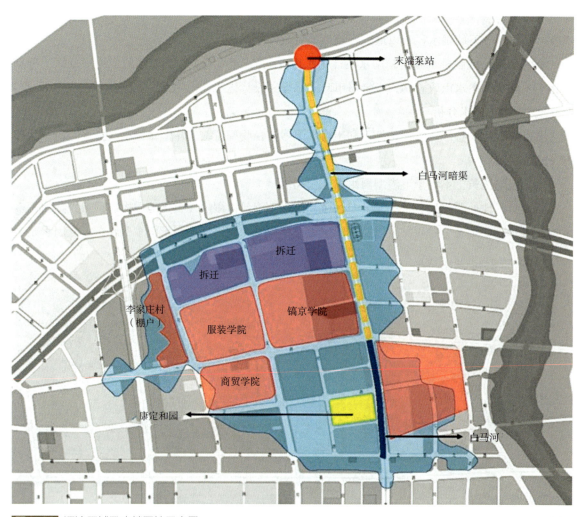

图4-90 汇流区域及末端泵站示意图

为应对上述问题，目前正在建设白马河末端排水泵站，设计提升流量9.7m³/s。在传统开发模式下，排水区年雨水径流体积达149.4万m³，泵站提升能耗达2.77万kW·h，且泵站需长期有人值守，带来管理压力和排涝设施失灵风险。

（4）区域污染问题突出

由于污水收集处理系统建设滞后，区域内陕西服装学院、陕西科技大学镐京学院、咸阳职业技术学院及其他建成地块产生的各类污、废水均临时排入白马河系统。受雨、污水排入影响，目前白马河明渠段水环境污染严重。

白马河污、废水收集范围约2.5km²，排放量约0.18万m³/d，年排放污水COD污染负荷约98.55t。若按照传统开发模式建设，即使对排区内污水进行彻底截流，雨水径流中COD和SS污染负荷仍将高达114.1t和149.6t。以康定和园为例，传统开发模式下年雨水产流量约3.2万m³，径流中COD及SS等污染物年均排放负荷约3.56t和2.72t（表4-25）。

康定和园与8号排水分区雨水径流污染负荷对比表　　　　表4-25

序号	区域	面积（hm²）	年均径流体积（万m³）	年均COD负荷（t）	年均SS负荷（t）
1	8号排水分区	542	149.4	166.2	126.7
2	康定和园	11.84	3.2	3.6	2.7
3	占比	2.18%	2.14%	2.14%	2.14%

4．海绵城市设计目标与原则

项目综合考虑气候、水文、地质、地形等环境条件，结合海绵城市建设理念，在明确项目定位及目标的前提下，因地制宜创造性开展系统设计。

（1）设计目标

作为片区第一个海绵城市建设项目，设计之初即给予了其较高定位：

1）西北湿陷性黄土地区海绵城市建设示范点：探索湿陷性黄土地质条件下海绵城市建设新模式及地下室类海绵型建筑小区建设范例；

2）排水安全的宜居社区：减少区域雨水径流外排量，降低下游泵站提升和排涝压力；

3）污染减排的生态社区：减少雨污水溢流污染负荷，改善出流水质，降低区域雨水径流污染负荷。

根据《沣西新城核心区低影响开发专项研究报告》，本项目规划目标如下：

①体积控制目标：年径流总量控制率为84.6%，对应设计降雨量18.9mm；

②流量控制目标：排水能力达到3年一遇标准；

③径流污染总量控制目标：SS总量去除率不低于60%。

(2)设计原则

项目设计以问题和需求为导向,在规划目标指引下,遵循因地制宜、系统、经济和创新等原则开展设计。

系统性原则。根据项目面临的突出问题,进行系统化设计,综合实现雨水源头削减、净化、资源化利用以及不同重现期降雨径流安全排放等多重目标。

因地制宜。结合项目条件,科学选用适宜雨水设施,并根据需求进行结构优化;甄选适宜本地气候特征的植物种类进行配置;合理利用地形、管网条件,充分发挥绿色雨水设施、管网等不同设施耦合功能。

成本控制。优选低建设成本、便于运营维护、利于节约自来水、地下水的技术措施和材料,合理控制工程投资与造价。

创新性。对选用的各类雨水设施进行结构、功能及布局形式创新与优化,保障其适应本地气候和水文地质特征的同时,降低建设及后期运营维护难度。

5. 海绵城市建设工程设计

(1)设计径流控制量计算

根据康定和园项目用地类型和规模,参照《海绵城市建设技术指南(试行)》中各种下垫面雨量径流系数参考值,结合项目自身特征,采用加权平均法,计算小区雨量综合径流系数。经计算小区综合雨量径流系数为0.50,设计径流控制量1112.1m³。

(2)竖向设计与汇水分区

为了保证设计的各类雨水设施高效发挥控制作用,根据小区用地条件、场地地形、竖向条件及管网情况,将康定和园整体划分为51个子汇水分区,根据各汇水分区及其规模(图4-91、表4-26)对每个子汇水分区进行设计径流控制量计算。

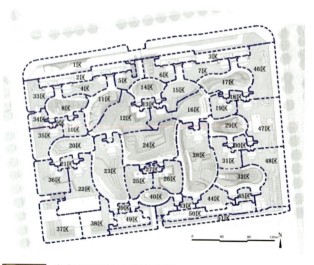

图4-91 康定和园汇水分区分布图

康定和园汇水分区用地情况表 表4-26

汇水分区	面积A（m²）	汇水分区	面积A（m²）	汇水分区	面积A（m²）
1区	9937	18区	384.8	35区	1804.3
2区	2239	19区	1154.9	36区	2331
3区	2097.4	20区	3324.2	37区	3100
4区	1494.5	21区	430	38区	3256
5区	1086.6	22区	3721.5	39区	268.6
6区	1264.6	23区	4869.3	40区	2139.4
7区	1610.3	24区	4642.8	41区	2391
8区	3306.9	25区	1590.8	42区	542
9区	311.8	26区	1770.3	43区	388.1
10区	1012.4	27区	363.4	44区	1375.2
11区	3883.8	28区	5610.4	45区	502.2
12区	3740	29区	3189.8	46区	2815.2
13区	376	30区	502.2	47区	3351.8
14区	2385.1	31区	1599.3	48区	3292
15区	2071	32区	4456.8	49区	1087.9
16区	3113	33区	1577	50区	1918.2
17区	4437.4	34区	758	51区	3523

（3）设施选择与工艺流程

根据项目片区及自身面临的突出问题和需求，结合湿陷性黄土地质、西北干旱少雨等环境条件，以及地上建筑分布和大面积地下车库等特征，重点选择雨水花园、植草沟、砾石系统、PDS排水系统、透水铺装、雨水池等不同类型设施进行雨水径流的源头滞蓄、净化、削减与资源化利用。

针对不同下垫面条件，分别采取相应辅助措施，对径流雨水进行导流、传输与控制，着力构建不同重现期降雨情形下的"源头减排""管渠传输""排涝除险"多层级、高耦合雨水综合控制利用系统（图4-92）。

（4）工程布局

根据康定和园小区各汇水分区计算所需径流控制量和各汇水分区下垫面情况，合理进行低影响开发设施布置。康定和园小区屋顶、硬化道路、透水铺装等下垫面径流通过周边植草沟、雨水花园及砾石系统等设施进行渗、滞、蓄、净。低影响开发设施通过溢流口与雨水管网衔接，部分溢流雨水通过小区管网末端设置的蓄水池进行调蓄回用，超出容纳能力的雨水则进入市政管网（图4-93）。

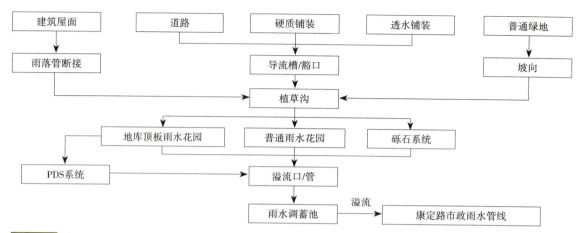

图4-92 康定和园海绵城市方案技术流程图

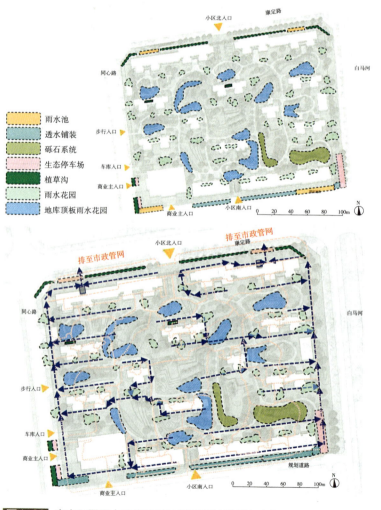

图4-93 康定和园雨水设施及其与管网衔接关系示意图

（5）分区详细设计

以康定和园内23号子汇水分区为例，对其设施布局、径流控制量等进行计算，并利用该方法，对项目总径流控制量、设施总径流控制量及达标情况等进行评估核算。

1）设施平面布局

23号子汇水区内主要雨水设施为雨水花园和透水铺装（图4-94）。汇水区内建筑雨水经雨落管断接、道路雨水通过路缘石豁口等处接入雨水花园进行控制，超出雨水花园控制能力的雨水经溢流口接入小区雨水管排入康定路市政雨水管网。

图4-94 康定和园23号汇水分区雨水设施平面布置

2）径流控制量试算

23号子汇水分区用地面积4869.30m²，用地类型包括屋面、路面和绿地（含车库顶板以上绿化），经计算，设计径流控制量33.20m³。但考虑到海绵城市尚属新兴行业，本地施工单位对设施的理解还不够深入，道路、绿化等不同专业施工过程难免会对雨水设施有效容积带来衰减影响，故在本案例中取1.2安全系数，最终确定康定和园23号子汇水分区总径流控制量为39.85m³。

23号子汇水分区采用的雨水设施主要为雨水花园。雨水花园上部临时蓄水高度0.2m，种植介质土厚0.5m，底部砾石厚0.2m，实际径流控制量除包括表层蓄水外，由于种植土进行了换填，渗透性较好，结构层空隙蓄水能力可较好发挥，故考虑了土壤、砾石空隙蓄水能力，经计算23号子汇水分区总径流控制量为54m³（表4-27），满足径流控制量要求。

23号子汇水分区雨水设施径流控制量计算表　　　　　表4-27

编号	设施类型	面积 A（m²）	设计参数	设计径流控制量 V_x（m³） 算法	数值
1	雨水花园	300.0	蓄水高度0.2m，种植土0.5m，砾石厚0.2m	$V_x=A*$（临时蓄水深度*1+种植介质土厚度*0.2+砾石层厚度*0.3）*容积折减系数	54.00
2	植草沟	0.0	临时蓄水高度0.05m		0.00
3	透水铺装	0.0	仅参与综合雨量径流系数计算		0.00
4	砾石系统	0.0	种植介质土0.5m，砾石厚度0.2m		0.00
合计					54.00

按照23号子汇水分区设计径流控制量和实际设施径流控制量计算方法，分别计算全部51个子汇水分区设计径流控制量，经计算，康定和园设计总径流控制量为1332.18m³（表4-28）。

51个子汇水分区设计径流控制量计算表　　　　　　　表4-28

编号	屋面（m²）	路面（m²）	硬质铺装（m²）	透水铺装（m²）	绿地（m²）	车库顶板绿化（m²）	设计径流控制量（m³）
1	0.00	0.00	2106.10	5542.00	2288.90	0.00	98.67
2	2239.00	0.00	0.00	0.00	0.00	0.00	45.70
……	……	……	……	……	……	……	……
50	1918.20	0.00	0.00	0.00	0.00	0.00	39.15
51	0.00	0.00	2128.00	1395.00	0.00	0.00	53.68
合计	18954.00	22672.00	11292.50	7417.00	28653.90	29408.80	1332.18

根据康定和园用地条件和雨水设施布局，按照以上23号子汇水分区设施径流控制量计算方法，详细计算了51个子汇水分区内雨水设施径流控制量（表4-29），除1号和50、51号子汇水分区外，其余子汇水分区基本可通过分区内绿色雨水设施实现雨水源头消纳，在1号子汇水分区内两个雨水管网末端设置雨水池，通过联动设计，除对1号子汇水分区雨水进行集蓄利用，同时消纳50和51号以及其余子汇水分区径流雨水，实现区域达标。

51个子汇水分区内雨水设施径流控制量表　　　　　　　表4-29

| 编号 | 雨水设施规模 | | | | | 设计径流控制量 V_x（m³） | 备注 |
	雨水花园（m²）	透水铺装（m²）	砾石系统（m²）	植草沟（m²）	雨水池（m³）		
1	0.0	5542.0	0.0	400.0	150	150.00	达标
……	……	……	……	……	0	……	……
28	60.0	0.0	400.0	0.0	0	75.60	达标
……	……	……	……	……	……	……	……
51	0.0	1395.0	0.0	0.0	0	0.00	调蓄池控制
合计	5965.0	7417.0	750.0	600.0	0	1363.20	达标

（6）达标校核

康定和园设计绿色雨水设施总径流控制量1213.2m³，雨水池可控制径流量150m³，可实现总径流控制量约1363.2m³，按照"容积法"反算相当于23.2mm设计降雨量，对应年径流总量控制率为89.3%，满足规划控制目标要求。

为进一步进行达标分析与校核，采用SWMM模型对设计降雨（24h，18.9mm）和50年一遇24h降雨进行了模拟分析，核算区域达标情况。

1）设计降雨控制能力校核

年径流总量控制率指标在多年平均降雨量统计分析基础上形成，考虑到降雨的随机性（包括逐年降雨的随机性和场降雨的随机性），无法用某一年的实际降雨对该指标进行达标验证，本案例采用典型雨型下的设计降雨（24h，18.9mm）进行模型模拟，通过验证设计降雨量的达标情况，分析年径流总量控制率达标情况。

结果显示，当24h降雨量不大于18.9mm时，项目的外排径流量为0，即该设计达到了设计降雨量目标；若按传统开发模式，即采用硬质不透水铺装、传统高绿地等形式，雨水通过雨水口、雨水管收集传输，区域雨水径流峰值流量$q_1=0.1\text{m}^3/\text{s}$（图4-95）。

2）3年一遇、50年一遇暴雨径流峰值削减能力校核

经模型模拟计算，对于3年一遇降雨，按本方案实施后，由于雨水设施的减排作用，小区外排峰值流量低于传统开发模式下2年一遇的外排峰值流量，即"源头减排+雨水管渠"综合达到3年一遇综合排水设计标准。现对源头减排控制50年一遇暴雨的径流峰值的效果模拟分析如下：

传统开发模式下，康定和园在50年一遇24h降雨雨型下，径流峰值流量约为$q_1=1.07\text{m}^3/\text{s}$。按本设计方案实施，各类雨水设施等发挥作用后，径流峰值流量$q_2=0.82\text{m}^3/\text{s}$，峰值流量下降$0.25\text{m}^3/\text{s}$，削峰23%，峰现时间较传统模式滞后约10min（图4-96）。

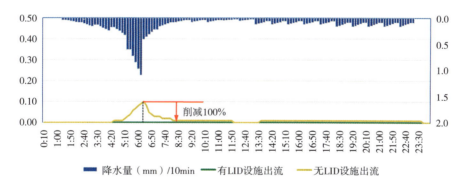

图4-95 设计降雨（24h，18.9mm）条件下不同开发模式区域径流控制对比图

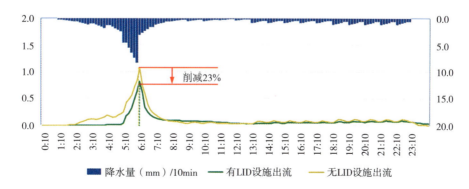

图4-96 50年一遇24h降雨不同开发模式区域径流控制对比图

3）水质核算

康定和园海绵建设工程刚刚完工，尚未安装水质、水量监测设备，通过计算对水质控制效果进行核算。本工程所选各类雨水设施对SS去除率参照《指南》取值范围，并结合实地监测情况确定。其中雨水花园和砾石系统对SS去除率以70%计，雨水调蓄池对SS去除率以80%计，经计算本项目每年对SS污染负荷削减率可达到64.7%（表4-30），满足规划指标要求。计算公式如下：

$$设施对SS综合去除率=\frac{\sum W_i \times \eta_i}{\sum W_i}$$

$$地块对SS负荷去除率（\eta_j）=年径流总量控制率 \times 设施对SS综合去除率$$

$$项目对SS负荷去除率=\frac{\sum A_j \times \varphi_j \times \eta_j}{\sum A_j \times \varphi_j}$$

式中：W_i—单项雨水设施径流控制量，m³；

η_i—单项雨水设施对SS的平均去除率，%；

A_j—子汇水分区地块面积，hm²；

η_j—子汇水分区对SS负荷去除率，%；

φ_j—子汇水分区综合雨量径流系数。

康定和园雨水设施对径流雨水SS去除情况计算表　　　　表4-30

地块编号	面积（m²）	雨水设施控制量（m³）			设施对SS综合去除率（%）	对SS负荷去除率（%）
		雨水花园	砾石系统	雨水池		
1	9937.0	0.0	0.0	86.7	80.0%	71.4%
2	2239.0	0.0	0.0	45.7	80.0%	71.4%
……	……	……	……	……	……	……
28	5610.4	10.8	64.8	0	70.0%	62.5%
29	3189.8	63.0	0.0	0	70.0%	62.5%
……	……	……	……	……	……	……
50	1918.2	0.0	0.0	39.2	80.0%	71.4%
51	3523.0	0.0	0.0	53.7	80.0%	71.4%
合计	118398.2					64.7%

6．典型设施节点设计

（1）雨水花园

屋面雨水经雨落管传输，与道路、硬质铺装径流一并汇入雨水花园。雨水花园深0.3m，溢流标高0.2m，改良换填种植土厚0.5m，砾石蓄水层厚0.3m，通过雨水花园内植物、土壤和微生物系统进行协同控制，超出控制能力的雨水则通过溢流系统排放（图4-97）。

（a）雨水花园雨水汇流示意图　　（b）雨水花园及结构示意图

图4-97　雨水花园示意图

（2）地下室顶板雨水花园

地下室顶板上方设置渗排型雨水花园，汇入的雨水通过植物、土壤和微生物系统调蓄、净化后，经底部渗排管收集并接入溢流口，超标雨水则通过溢流系统排放。将砂、原土、椰糠以按照4：4：2的体积比均匀拌合对土壤进行改良，有效提升雨水花园种植介质的下渗与持水能力，实测稳态下渗速率稳定维持在2.16m/d，满足雨水渗蓄要求；同时椰糠的添加有效提高了土壤持水能力，在满足植物生长要求的同时，降低了浇灌频次（图4-98）。

（a）地下室顶板雨水花园　　（b）地下室顶板雨水花园结构示意

图4-98　地下室顶板雨水花园示意图

（3）地下室顶板PDS防护虹吸排水收集系统

PDS防护虹吸排水收集系统由观察井、观察井盖、集水笼、防渗膜（外包土工布）、虹吸排水管、透气观察管构成。该系统能够将下渗雨水有组织地通过虹吸排水槽排至观察井和集水笼，并通过末端雨水池进行回收利用。PDS系统可实现对地下室顶板零坡度有组织的排水，取消找坡层、保护层、隔离层，代替传统排水过滤层（图4-99）。

雨水花园下渗雨水通过PDS防护虹吸排水收集系统中的排水片输送至虹吸排水槽；在虹吸排水槽中安装透气管，槽内雨水在空隙、重力和气压作用下快速汇集到出水口，通过管道变径方式使直管形成满流从而形成虹吸，不断被吸入观察井并排入雨水收集系统，在绿化植物浇灌时实现雨水循环利用（图4-100）。

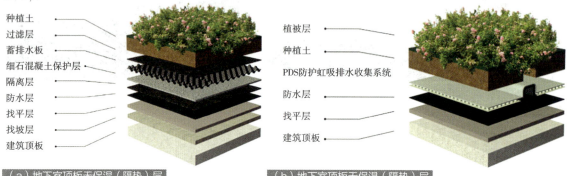

（a）地下室顶板无保温（隔热）层
（节自国标图集14J206《种植屋面建筑构造》）

（b）地下室顶板无保温（隔热）层
（节自国标图集15CJ62-1《塑料防护排（蓄）水板建筑构造—HW高分子防护排（蓄）水异形片》）

图4-99 地下室顶板构造示意图（传统做法与PDS防护虹吸排水做法对比）

图4-100 PDS防护虹吸排水收集系统原理图

雨水通过下凹绿地、雨水花园等雨水设施渗、滞、蓄、净后，再经PDS防护虹吸排水收集系统快速收集，经监测，系统出水能够控制在良好水平，有效保障了雨水池入流水质（表4-31），降低了末端受纳水体外源污染风险。

PDS防护虹吸排水收集系统水质监测数据 表4-31

指标	pH	SS（mg/L）	COD_{Mn}
PDS出水水质	7.09	10	18.1

注：表中PDS出水水质为系统建成后，2016年7月24日降雨过程中，PDS出水从降雨开始至雨停、以5~15min间隔取样混合测定值，为事件算术平均浓度。

（4）滤框式雨水预处理装置+预制混凝土调蓄池

考虑到进入管网的雨水既有各类绿色雨水设施控制（含过滤净化出流和溢流设施出流）之后的出流，又有部分未经雨水设施控制的下垫面径流汇入，为保障最终进入雨水池的径流水质，在池前设置了滤框式雨水预处理装置。雨水通过滤框式预处理装置先期进行漂浮物和粗颗粒物去除，而后进入雨水池储存用于道路浇洒、绿地灌溉（图4-101）。

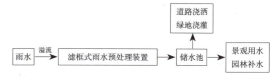

图4-101 雨水收集处理回用流程图

① 滤框式雨水预处理装置

滤框式雨水预处理装置体积小（2.1m×1.2m×2.0m），成本低，占用空间少，水头损失小，安装方便，可现场浇筑也可预制安装（图4-102）。主要结构包括：滤网（拦截并收集漂浮物和砾石颗粒物）、挡墙（拦截泥沙等颗粒物，大于100μm颗粒物整体去除率约为80%）、除油脂介质（去除雨水中油脂）等。

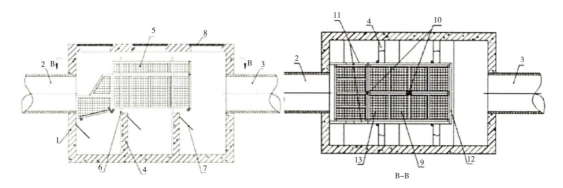

1-井体；2-进水管；3-出水管；4-挡墙；5-滤网；6-滤网框架；7-挡板；8-盖板；
9-滤网单体；10-滤网提手；11-侧边滤网；12-端部滤网；13-底部滤网

图4-102 滤框式雨水预处理装置构造图

②预制混凝土调蓄池

预制混凝土调蓄池分为端节、中间节、端墙三部分;每节长度为1.5m;每排前端拼接一个端节,后端拼接一个端墙,中间节叠加拼接,有效容积150m³(图4-103)。

图4-103 预制混凝土调蓄池现场施工

(5)砾石系统

针对地下室顶板限制雨水自然下渗,设置砾石系统可通过换填增渗和盲管外接等措施使雨水不在顶板做过长时间停留,保证地下防渗安全。砾石系统构造与雨水花园类似,以雨水下渗、净化为主要目的。结构自上而下分别为800mm厚改良种植土(粗砂、原状土与椰糠按4:4:2配比换填),50mm厚D8~10碎石过渡层和250mm厚D30~50碎石蓄水层;碎石蓄水层中设置导流盲管,盲管接入溢流口与就近雨水井连接;与此同时,种植土中的改良剂椰糠具有较好的保水效果,可提高土壤湿度、降低灌溉频次,满足植物生长需求(图4-104)。

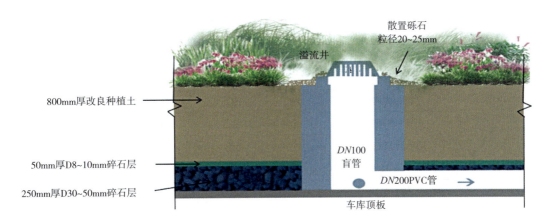

图4-104 砾石系统剖面结构

7. 建成效果

（1）工程造价

项目室外工程总投资1726.43万元，单位面积造价约303.89元/m²，其中海绵城市建设造价867.74万元（包含透水铺装、雨水花园、砾石系统、PDS排水系统、集水排水盲管、溢流井及相关的土方开挖与回填等建设内容），投资单价约73.28元/m²（表4-32）。

康定和园室外景观工程（含海绵建设工程）造价明细表　　　　表4-32

项目	工程内容	单位	数量	造价（万元）	单价（元）
	一类费			1375.08	
停车场面积	停车场	m²	1227	627.38	76.98
铺装面积	透水铺装	m²	1430	44.67	312.38
	砂	m²	90	2	222.22
	碎石	m²	668	4.4	65.87
	木平台	m²	865	38.35	443.35
	其他	m²	26882	32.98	12.27
绿地面积	雨水花园	m²	10467	233.79	223.36
	生态草沟	m²	815	17.23	211.41
	其他（植物）	m²	24331	136.54	56.12
园路面积（不含碎石路）		m²	784	54.35	693.24

续表

项目	工程内容	单位	数量	造价（万元）	单价（元）
景观设施小品	石笼景墙	个	1	2.08	20800.00
	锈蚀钢板景墙	个	1	2.94	29400.00
	锈蚀钢板挡墙	m	192	2.27	118.23
	石笼+木板坐凳	个	9	0.97	1077.78
	白色混凝土砌块	个	55	3.87	703.64
海绵建设设施	石笼矮墙	m	182	2.27	124.73
	砾石系统	m²	230	23.08	1003.48
	溢流井+井盖	个	59	9.72	1647.46
	盲管+排水管	m	1225	3.79	30.94
	雨水池	m²	150	52.5	3500.00
	新增检查井	个	6	0.99	1650.00
土方（只考虑景观塑造地形的部分）	填方	m³	87913.9	298.51	33.95
	挖方	m³	100173.4	268.52	26.81
照明设施				62.5	
二类费				351.35	
总投资				1726.43	

（2）直观效果

在项目投资与传统景观做法基本相当的前提下，本工程达到上位规划目标要求，综合实现了雨水资源化利用、涵养地下水、安全排水等多重效益。工程建设完成后，通过地形塑造和植物配置，改善和提升了小区人居环境和景观效果（图4-105、图4-106）。

为有效实现生态雨水设施与雨水管线的合理衔接，在雨水花园内设置溢流井，溢流井与小区内雨水管线相连接，实现雨水的源头蓄排结合。溢流井高出雨水花园底部0.2m，溢流口周边铺设砾石（部分加设了木桩隔篱）对溢流雨水进行净化，防止树叶等较大杂质堵塞雨水口导致过流能力衰减（图4-107）。

8. 效益分析

康定和园项目海绵城市建设基本完成，正在建立雨水监测系统，尚无实际监测数据，通过计算分析了工程的各项指标达标情况，工程建设完成后取得如下效果。

1）小于23.6mm（24h）的降水得到有效控制；50年一遇24h降水峰值流量模拟削减23%，一定程度上降低了下游管网、白马河及末端泵站的排水压力。

2）年径流总量控制率经测算可达89.3%，对雨水径流污染物（以SS计）的有效削减率可达到64.7%，降低白马河及末端渭河的污染输入贡献。

图4-105 建筑旁雨水花园

图4-106 地下室顶板雨水花园

3）实现园区雨水原位收集、净化及回用。考虑降雨的随机性，以雨水池年集满20次计，年可收集雨水约3000m³，在一定程度上可替代常规水源使用，有效节约了水资源。

4）通过介质土换填、组织雨水浅层集中下渗、PDS防护虹吸排水等措施，有效解决了表层粉质黏土、黏质粉土下渗性能差的问题，同时有效规避了湿陷性黄土地质条件下雨水下渗对建筑物基础及地下构筑物等的不利影响。

图4-107 溢流口

5）作为介质换填改良剂的椰糠有效提高了土壤持水能力和湿度，降低灌溉浇洒频次；各类雨水生物滞留设施的本土化改进，有效降低了植物选配对耐淹时长的要求，一定程度上扩大了雨水设施适用植物的筛选范围。

由于工程设计时技术应用尚存在一定局限，未充分考虑西北地区径流雨水泥沙含量高等实际，施工中在设施进水口处未设预处理设施，虽汲取其他工程教训采取了补救措施，但仍对工程进度和造价造成了不利影响，建议类似项目在设计时予以注意。

4.5　陕西国际商贸学院海绵化改造案例

1. 项目基本情况

陕西国际商贸学院坐落在沣西新城中部偏北，东临同文路，西靠同德路，南接康定路（图4-108），是一所以药学和商学为特色，经、管、医、文、工、艺术等多学科相互支撑和协调发展的应用型本科院校。海绵化改造范围主要为学院南区，占地面积约25.6ha。

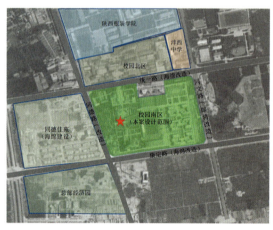

图4-108 项目区位图

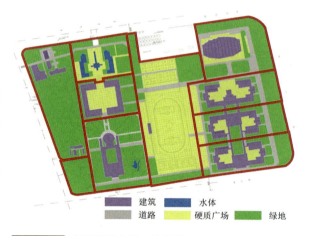

图4-109 商贸学院南区下垫面图

校园内有教学楼、图书馆、体育馆、篮球场、羽毛球等健身设施场地，用地类型包括建筑屋面、绿地、水面、道路以及硬质铺装的广场、停车场与各类运动场，总体上绿化条件较好，改造前详细用地情况如图4-109及表4-33统计。

陕西国际商贸学院南区用地情况表　　　　　表4-33

序号	下垫面类型	面积（m²）	比例
1	建筑屋面	40224.30	16%
2	路面	62837.26	25%
3	硬质铺装	45273.00	18%
4	水体	1620.10	1%
5	绿地	105580.3	41%
合计		255534.95	100%

项目地势整体平坦，地形变化不大，最低处为校园东南角海拔为387.85m，最高处西南海拔为389.3m，最大高差为145cm，如图4-110所示。

项目采用雨污分流的排水系统。雨水管网总体有3个主排口，均向北排入统一路，统一路雨水向东排入白马河雨水主干沟渠，如图4-111所示。

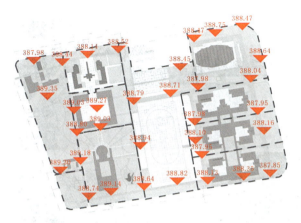

图4-110 商贸学院南区竖向图

图4-111 商贸学院南区雨水管网图

2. 现状问题分析

（1）区域排水压力

项目位于渭河8号排水分区，末端通过白马河泵站排至渭河，正常情况下雨水重力流排入渭河，汛期渭河水位上涨超过末端排口水位时，启动泵站抽排。项目总体汇水面较大，增大了河道径流污染及区域排水防涝压力（图4-112）。

（2）内涝积水风险

校园内局部区域竖向条件与排水设施匹配不佳，部分道路低点处未覆盖排水设施，降雨时易发生积水问题（图4-113）。

（3）排水设施老旧破损

由于使用年限较长且缺乏运维，项目内部分雨水口、路缘石、硬质铺装等存在明显的堵塞、破损、老化等情况，进一步加剧了校区内的积水及污染风险（图4-114）。

图4-112 项目所在排水分区排水组织

（4）景观水体补水及水质保障

项目北门广场处有景观水面1620.1m²。其水体流动性较差，水生态情况不佳；夏季水温升高易导致水体水质恶化，水质保障困难；非雨季水面蒸发损耗量较大，补水需求较高，原设计补水水源主要依靠市政供水（图4-115）。

3. 设计思路

根据上位规划指标要求，结合场地条件，采取如下策略与思路：

图4-113 商贸学院南区部分积水点实景

图4-114 商贸学院南区部分排水设施情况

图4-115 商贸学院南区入口处景观水体

1）以问题和目标为导向，因地制宜，解决各类规划指标要求；

2）在实现场地低影响开发目标的基础上，尽可能少地干扰校区原有生态环境及景观系统，进行有限的工程改造；

3）保留校区原有高大乔木及效果良好的景观节点；

4）结合海绵化改造需求将原有破损较为严重的硬质铺装改为透水铺装；

5）通过源头LID设施设计，实现区域雨水径流源头减排与净化；

6）充分利用既有管网与竖向条件，打造"绿色+灰色""地上+地下"，"源头+末端"的雨水系统，综合提高现状排水标准；

7）充分利用地形及空间条件，梳理雨水排放路径，有效构建超标雨水排放通道；

8）海绵化改造充分考虑与现有景观的协调统一。

4. 建设目标及设计原则

项目设计原则为：践行低影响开发理念营造"自然生态、环境优美的健康校区"，打造蓄排结合、雨洪安全的老旧校区低影响开发改造示范点。

根据《西咸新区沣西新城海绵城市专项规划》及《沣西新城低影响开发研究报告》等文件，确定本项目海绵化改造的核心目标主要如下：

1）年径流总量控制率达到85.6%，对应设计降雨量为19.7mm；

2）年TSS污染负荷削减率不低于60%；

3）结合现状排水管网提升排水标准至3~5年一遇；

4）有效提升校区超标暴雨条件下的内涝防治能力；

5）通过生态设施改善园区水景观。

5. 总体方案设计

项目结合区域用地、现状雨水排放形式、既有绿地布局、地表竖向条件等情况，进行低影响开发雨水措施优化组合，主要采用植被浅沟、砾石沟、盖篦U形槽、雨水花园、雨水塘、雨水池等技术措施。总体技术路线如图4-116所示。

根据校园用地类型、道路组织、地表竖向、雨水管网布局等信息，将项目整体划分为10个子汇水分区，如图4-117所示。

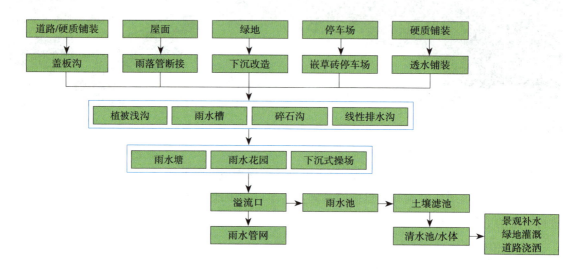

图4-116 商贸学院南区海绵改造技术流程图

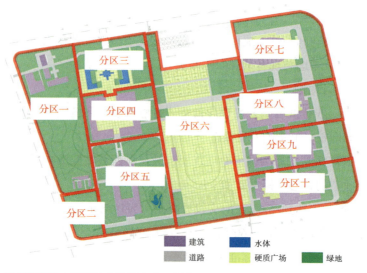

图4-117 商贸学院南区汇水分区划分

根据本项目设计降雨量需求、各子汇水区下垫面构成、汇水区面积等，计算得到各子汇水区需控制雨水径流体积（表4-34）。

陕西国际商贸学院南区各子汇水区需控制容积表　　　　　　　表4-34

编号	屋面（m²）	路面（m²）	硬质铺装（m²）	水面（m²）	绿地（m²）	需控制容积（m³）
1	2700.3	7065.68	0.0	0.0	22557.70	239.8
2	1040.7	2638.75	0.0	0.0	2360.10	72.2
3	60.9	3529.58	3956.0	1354.0	8628.00	182.1
4	5437.4	1645.35	4923.0	0.0	5480.00	224.2
5	4749.0	9295.23	0.0	266.1	17932.83	307.2
6	300.0	26450.30	21030.0	0.0	9666.00	855.0
7	5776.0	4778.36	3427.0	0.0	14244.13	286.6
8	5255.0	3249.66	5268.0	0.0	7114.99	260.0
9	7470.0	1263.69	3541.0	0.0	9137.08	241.1
10	7435.0	2920.66	3128.0	0.0	8459.46	261.0
合计	40224.3	62837.3	45273.0	1620.1	105580.3	2929.3

本项目在场地较平且可用绿地较少的情况下，尽可能"见缝插针"分散设置生态型海绵雨水设施，充分保障雨水初期冲刷污染得到有效控制。根据本项目场地竖向、绿地、管网等条件，结合现有景观水体开放空间等，进行LID设施选型及优化组合，最终确定本项目合理的海绵雨水设施平面布局，如图4-118所示。

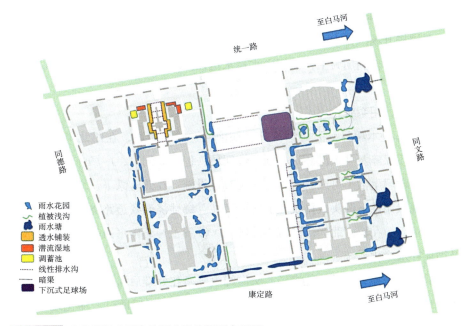

图4-118　商贸学院南区海绵雨水设施平面布设图

各汇水分区LID设施类型、规模及实际调蓄容积如表4-35统计。

陕西国际商贸学院南区各子汇水区需控制容积表 　　　　　表4-35

编号	雨水设施类型与规模（m²）					需控制容积 V_x（m³）	实际控制容积 V_s（m³）	超出或仍需控制容积（m³）	备注
	雨水花园	雨水塘	透水铺装	植被浅沟	雨水池（m³）				
1	850.0	0.0	0.0	357.2		239.8	246.34	6.53	达标
2	263.7	0.0	0.0	121.0		72.2	77.33	5.12	达标
3	0.0	0.0	384.0	0.0	715	182.1	0.00	-182.07	雨水池收集
4	700.0	0.0	0.0	567.5		224.2	227.48	3.27	达标
5	825.0	374.0	100.0	261.0		307.2	309.93	2.69	达标
6	1034.0	374.0	0	0.0		855.0	339.11	-515.89	雨水池收集
7	1248.0	0.0	0.0	0.0		286.7	314.50	27.89	达标
8	492.0	0.0	0.0	517.0		260.0	170.51	-89.51	未达标
9	768.0	0.0	0.0	727.0		241.1	258.97	17.82	达标
10	912.0	0.0	0.0	472.0		261.0	272.30	11.32	达标
合计	7092.7	748.0	484.0	3022.7	715	2929.3	2216.47	2.19	达标

本项目通过屋面及路面雨水径流的合理断接，将场地原有雨水直排系统改造为海绵雨水设施溢流排放。室外道路取消或通过下穿管形式改造原道路雨水口，植草沟、溢流井及溢流连接管按3年一遇排水标准进行设计与复核，绿地内就近利用原室外雨水井改造溢流井，降低项目海绵改造成本，同时有效提升场区排水能力。场区管网末端接至蓄水池后溢流进入市政雨水管网，其中东侧蓄水池以雨水资源化利用为主，西侧雨水蓄水池以流量调节为主（图4-119）。

6．节点设计

（1）雨水净化与回用系统

校区内景观水体是本项目一大典型特征，如前问题总结所述，在西北半湿润半干旱缺水地区，景观水体的水质保障及补水循环是一项共性问题，但与此同时，广场前景观水体又是学校全体师生休憩和调剂学习生活不可或缺的一处景观节点设施。在此背景下，结合项目海绵城市改造机遇，综合考量现状条件下源头减排及径流污染削减、绿地浇灌及道路浇洒用水、景观水体补水及水质净化等需求后，在校区北广场区域（分区三）设置了一套雨水回收、生态净化及景观水体综合利用及循环补水净化系统。

整套系统的处理流程为：场地雨水经源头海绵设施净化处理后溢流至室外雨水管网，最终汇入广场东侧绿地下525m³蓄水池内。蓄水池内收集雨水在降雨过后通过一体化地埋设备提升至旁侧土壤滤池内下渗净化（考虑蓄水池满水概率及经济性因素，土壤滤池规模为150m²，土壤滤料

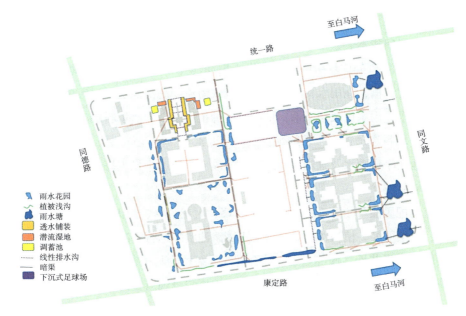

图4-119 商贸学院LID设施管网衔接图

设计处理负荷为0.5m/d）。处理后雨水通过底部导水盲管收集至100m³清水池（考虑绿地浇灌用水周期及经济性因素，清水池规模为整个园区一天绿地浇洒用水量的50%），清水池通过提升水泵补给景观水体及绿地浇洒系统（图4-120）。为有效监测整套雨水净化及利用系统的实际运行工况，蓄水池进水端及清水池出水端设置了水表及SS在线监测仪。

本套雨水净化回用系统设定工况为：1）雨季当降雨间隔较短时，依据降雨预警预报情况对蓄水池存水位进行预降处理；2）当回用端用水需求较低时，超过清水池储存容积的雨水泵回至蓄水池中进行冲洗与循环净化；3）设定景观水体换水周期为1月1次，非降雨时段通过水池底部泄水管排空至蓄水模块，经土壤滤池净化处理后进行回补。

雨水收集池采用PP模块组合水池，蓄水池由进水管、PE组装式模块、防水包裹层（防水土工布、防水土工膜）、聚苯板保护层、反冲洗泵、反洗管、潜水泵出水管及一体化地埋设备构成。

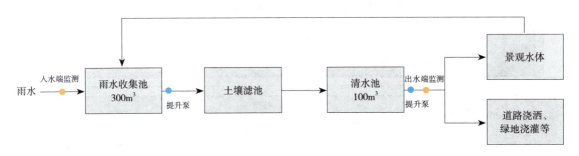

图4-120 雨水回用系统技术路线

相比传统混凝土蓄水池，PP模块组合蓄水池施工周期短，安装方便，组合灵活、使用寿命更长，从多个方面降低了时间成本、人工成本、运输成本、后期维护成本。

项目利用校园主入口处广场旁绿地，建设土壤滤池（图4-121）。雨水通过泵站提升从入水管流入至池壁钢板配水槽，在雨水槽内通过溢流方式溢流到滤池面层旱溪后由旱溪导向整个滤池面层，实现均匀配水。雨水由表层下渗，依次经过种植土层、炉渣填料层（填料选择应综合考虑来水污染物特征、填料渗透速率、植物生长限制等因素）、碎石填料层最终进入导水盲管排出至清水池。土壤滤池在净化雨水及景观水体的同时，改变了原单一景观搭配的绿地结构，有效提升了校区景观及环境品质。

土壤滤池植物配置品种主要有：鸢尾、千屈菜、大花萱草、南天竹、细叶芒、金山绣线菊、黄菖蒲、蒲苇、狼尾草等。植物选配综合考虑土壤滤池实际运行工况、滤池内配水结构、滤池填料对植物生长影响、季节性气候等因素，综合搭配常绿植物与季节性植物、耐水湿与普通植物、草本与灌木等，在尽可能丰富景观层次的同时，保持校园景观风貌的统一性。项目在发挥海绵功能的基础上，形成色彩丰富、层次分明、四季有景的景观效果。

图4-121 商贸学院南区土壤滤池剖面效果图

（2）结构性透水铺装

商贸学院南区北门广场区域原雨水径流通过排水沟收集后未经处理直接排放至室外雨水管网，考虑到广场自身绿地条件不佳，本项目通过在广场两侧设置透水铺装，在原排水沟基础上新增截水沟，原排水沟末端设置溢流堰，新增截水沟起端设置沉泥坑，截留大颗粒污染物（图4-122）。雨水径流通过新增截水沟导流至透水铺装底基层过滤处理后再行排放。同时，为研究建筑垃圾骨料和级配碎石两种不同填料的水量水质控制效果，对两侧透水铺装采用了不同的填料层设计，进行试验对比。

（3）生物滞留设施

本项目利用校园绿地构建雨水花园，消纳屋面及地表径流，对雨水花园种植土进行换填，增加下渗能力，增加雨水花园容纳能力（图4-123）。通过设置植被浅沟，将远离雨水花园的道路雨水输送至雨水花园进行控制，植草沟入水口端设置少量砾石对雨水进行预处理，降低雨水径流污染物对雨水花园等生态设施的污染与破坏。路面雨水汇入雨水花园前，考虑不同下垫面与绿地间径流组织衔接关系，因地制宜地采用路缘石开豁口、人行道处采用盖箅U形导流槽、路面排水沟等多样化收水方式，如图4-124所示，将地表径流导入植被浅沟或雨水花园。

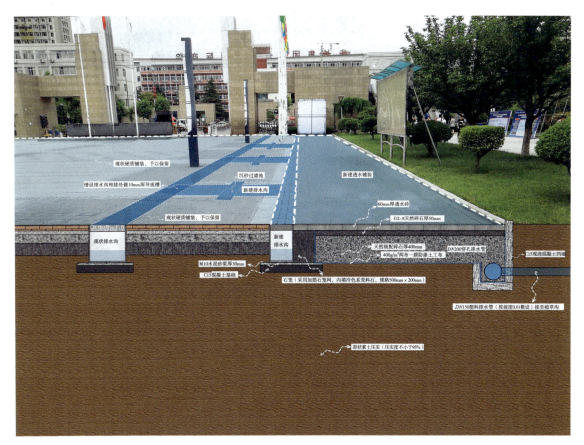

图4-122 商贸学院结构性透水铺装剖面图

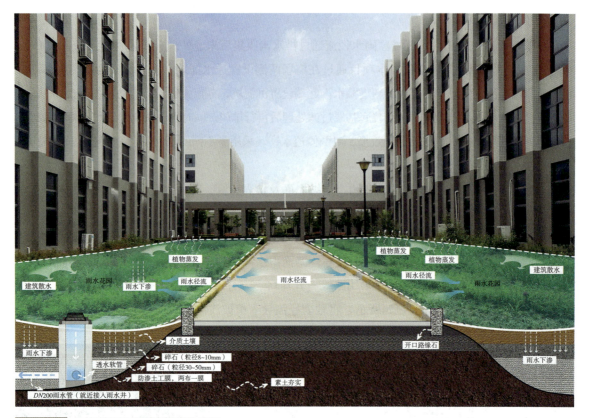

图4-123 生物滞留设施径流组织关系图

图4-124 多样化进水形式

7. 建设效果

通过LID设施合理布设，商贸学院南区实际年径流总量控制率为85.6%，TSS削减率达到64%。LID设施与管网耦合后，可有效应对3年一遇降雨。项目改造完成后，中小降雨情况下校园内历史积水点完全消除，超标暴雨条件下校区无明显内涝风险，同时一定程度上减轻下游雨水管网排水压力。通过将校区内传统雨水直排方式改造为生物滞留设施溢流排放模式，使校园内雨水自然下渗，并通过植物吸收、土壤过滤等方式充分净化雨水径流，削减径流污染，缓解末端受纳水体渭河的水质保障压力。通过雨水收集、净化及回用系统充分利用雨水资源回补景观水体及绿地浇灌等，实现了水资源节约目标，同时一定程度缓解城市热岛效应，有效改善校园内部环境，并获得了校内师生较高的满意度（图4-125~图4-127）。

图4-125 雨水花园

图4-126 收水口

图4-127 透水铺装广场

4.6 中央雨洪调蓄枢纽——中心绿廊

1. 项目概况

中心绿廊位于沣西新城核心区，是新城海绵城市建设的关键绿色基础设施，全长6.9km，宽200~500m，面积约180hm²，西起渭河、东至沣河，是沣西新城的核心绿色基础设施。绿廊中布有湖泊、湿地、森林等生态景观，既是生态廊道，又是城市通风带，同时具有生物迁徙、生物栖息、公共休闲、雨洪调蓄等多重功能。

中心绿廊一期工程是整个中心绿廊的示范段（图4-128），位于秦皇大道以东，沣渭大道以西，天雄西路以北，天府路以南，占地约23ha，总长1km，2014年3月开工，2015年7月竣工验收。绿廊一期内湖泊、湿地、森林等功能版块均已建成，绿化面积19.8万m²，湿地面积4.2万m²，其中水泡面积2.8万m²，作为下渗湿地的干泡面积1.4万m²。绿廊一期通过土方塑造形成连续下沉式绿地，收集南北2~3个街区范围内雨水径流，汇水区域面积1.6km²。

图4-128 中心绿廊区位图

2. 基础条件及问题、需求分析

土壤条件：绿廊场地位于渭河平原的河流阶地上，土壤分层结构明显，上层为2~3m的黄土，地势平坦，土壤肥沃，湿陷性黄土稳定性较低，在雨水冲刷下易形成冲沟、造成局部塌陷；下层为渭河及其两侧支流携带的大量泥沙，下渗率大，保水性较差，便于雨水下渗。

地形条件：渭河平原地势平坦，7km的场地内部高差不超过3m。在平坦的场地中难以按照地形组织自然排水（图4-129、图4-130）。

存在问题：新城规划雨污分流排水系统，由于受纳水体有限，核心建设区雨水主要由东西向

图4-129 沣西新城核心区数字高程地形图

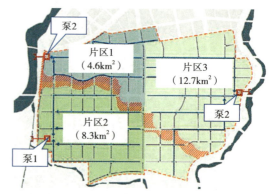

图4-130 沣西新城核心区排水管网分区图

排入沣河、渭河；受地形地势平缓因素影响，雨水管网至末端埋深较大，多个排水区域依赖泵站提升排水；城市防洪受渭河、沣河两侧夹击压力。

需求分析：中心绿廊是新城核心区原规划的重要景观廊道，横穿核心区中部；针对沣西新城面临的排水防涝及城市防洪压力等问题，结合绿廊整体布局与空间条件，考虑利用中心绿廊进行下凹设计，打造核心区多功能雨洪调蓄枢纽，在实现绿廊原规划功能之外，形成沣西新城四级海绵城市建设的重要雨洪调蓄核心；此外，考虑利用中心绿廊打造沙河之外的沣河第二分洪廊道。

3. 海绵城市建设目标与原则

（1）设计目标

整体目标：形成在城市尺度上实现雨水渗、蓄、排的主干网络及新城雨水系统的核心控制单元。

控制径流总量：规划直接汇水面积9.46 km^2，间接汇水面积10.65 km^2；利用绿廊收集、贮存雨水，将城市每年外排的雨水量减少50%，控制在200万 m^3 左右。

降低建设成本：利用绿廊形成绿色雨水基础设施，周边地块雨水通过浅埋管就近排入绿廊，实现分散式排水；避免深埋管，降低雨水基础设施的建设维护成本。

减小城市内涝风险：中心绿廊整体建成后，可有效应对汇水区百年一遇重现期降雨（118.7mm，24h）。

（2）设计原则

因地制宜：针对场地独特的地质、气候条件，提出适应性的海绵城市建设体系，海绵设施的选择以设计目标为导向，不盲目照搬。

宏观布局：充分考虑场地在整个城市海绵系统中所发挥的作用，利用绿地收集、滞蓄、下渗周边地块的城市雨水。

合理衔接：场地与周边市政雨水系统合理衔接，实现灰绿结合的海绵城市排水体系。

4. 方案设计

（1）总体思路

为保证对城市雨水的收集利用，中心绿廊在整体上采用下沉绿地、东西贯通的空间结构。绿廊内下挖5m左右，成为区域的低点，周边雨水可以自然汇入绿廊，为应对极端暴雨情况，绿廊东西向连通渭河与沣河，形成连续的泄洪廊道，并在东西两端设置泵站，保证暴雨情况下雨水可由泵站排入河流。中心绿廊在合理的整体空间模式的基础上，为了保证对雨水的充分收集、净化、利用，相应设置了三大功能系统。

雨水收集系统：综合采用植草沟、专用管道、城市雨水管道等多种方式，最大限度收集城市雨水。紧邻绿廊的地块、绿廊周边的城市道路及停车场，通过控制排水坡度，经由生态植草沟将雨水引入绿廊；邻近绿廊、但由于竖向条件限制，雨水无法由地表直接排入的地块，预埋专用的绿廊雨水管，通过浅管将雨水汇入绿廊；距离绿廊较远的地块，雨水先汇入城市雨水管网，再将雨水管网接入绿廊。

雨水净化系统：从周边地块、道路收集到的雨水，先汇入绿廊的净化廊道，利用砾石进行物理过滤，并利用植物的净化功能进行生物净化。结合场地高差，可形成梯级净化，过滤雨水中的泥沙与污染物，改善水质。

雨水利用系统：收集到的雨水主要用于营造水景、绿化灌溉及回补地下水。绿廊核心区结合防渗形成开阔水景，创造亲水空间，展示了城市的雨水收集理念，同时提升了城市形象。绿廊底部结合场地内的沙土下渗率快的特点，预留大量可渗透表面，净化后的雨水汇入绿廊底部进行下渗，回补了地下水。

（2）系统布局

见图4-131。

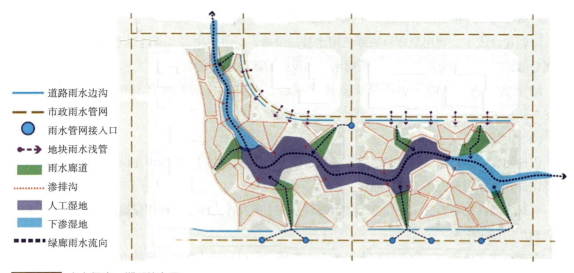

图4-131 中心绿廊一期系统布局

（3）设计流程

中心绿廊核心定位为沣西新城中央雨洪调蓄系统。建筑小区、市政道路、景观绿地内的雨水经原位消纳饱和或来不及完全下渗时，富余水量溢流进入市政管网，输送至四级雨水收集利用系统的末端——中心绿廊进行集中调蓄（图4-132）。

（4）整体竖向设计

为有效收集周边地块雨水，绿廊整体塑造成下沉式空间，形成区域低点，使周边雨水可以方便汇入。绿廊一期中心区域下挖4~6m，并建设8条雨水廊道，以承接周边城市雨水；为减少土方量，控制外运土方，绿廊采用就地填挖方的模式，从中央挖出的土方堆在两侧，形成丰富的微地形，营造宜人的活动空间（图4-133）。

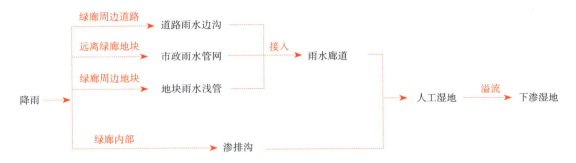

图4-132 中心绿廊雨水组织流程

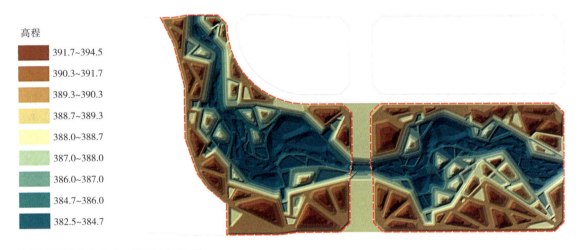

图4-133 中心绿廊一期竖向设计图

5. 典型设施节点设计

（1）道路雨水边沟

雨水边沟是种植有植被的地表沟渠，可收集、输送、下渗径流雨水，并具有一定的雨水净化功能（植物根系净化），可降低径流流速、减轻土壤侵蚀、提高悬浮固体沉降效率。绿廊周边道路两侧设有下凹式雨水边沟，其末端与绿廊雨水廊道相连，可使收集的道路雨水初步净化后依坡度汇入绿廊湿地（图4-134）。

（2）雨水廊道

绿廊中设置一系列楔形的雨水廊道，将收集到的城市雨水进行过滤、净化、传输，最终汇入湿地。廊道结合地形设计，形成一系列梯级水面，每一级下垫面都做防渗处理，下垫面以上主要利用土壤—植物—微生物系统的渗滤、吸附、降解、离子交换等净化功能，去除SS、BOD、N、P、重金属等径流污染物。道路雨水边沟、市政雨水管网、地块雨水浅管收集到的雨水，从廊道顶部汇入，经过逐级物理过滤与生物降解净化后，汇入绿廊核心湿地（图4-135）。

图4-134 渗排沟断面示意图

图4-135 雨水廊道结构示意图

(3) 人工湿地（水泡）

绿廊核心位置设有人工湿地。城市雨水与绿廊雨水，分别经由雨水廊道与渗排沟汇入绿廊底部的核心湿地，并利用防渗技术（钠离子膨润土防水毯），形成稳定水景；景观水域被场内地形划割为若干相互连通的蓄滞水泡（常水位水泡总面积2.8万m^2，平均水深0.5~1.5m），提升了整个廊道的景观效果（图4-136）。

图4-136 人工湿地（水泡）结构示意图

(4) 下渗湿地（旱泡）

绿廊海绵系统中设置了一系列可渗透湿地，用于雨水下渗回补地下水。下渗湿地布置于人工湿地两侧，不设防渗且采用利于雨水下渗的结构；暴雨情况下，过量雨水会从人工湿地中溢出至下渗湿地，回补地下水；枯水期时，又可利用这座"地下水库"贮存的水源来灌溉植物、营造水景，实现循环利用（图4-137）。

(5) 景观栈道

绿廊中央核心湿地区架设了步行栈道，栈道架空设置，离地高度0.5m左右，不影响地表雨水的汇集、下渗，同时还可降低对自然水系的影响并形成便捷、有趣的交通系统与景观亮点（4-138）。

6. 项目建设效果

(1) 雨水集蓄效果

2015年8月2日傍晚至3日清晨，新城2h平均降雨量高达31.4mm，局地超过50mm，属于短时

图4-137 下渗湿地(旱泡)结构示意图

图4-138 景观栈道结构示意图

图4-139 绿廊雨天水景

强降雨事件。在此次强降雨过程中,中心绿廊一期工程共消纳雨水约2.7万m³。其中绿廊内部消纳雨水0.8万m³,绿廊外部传输汇入雨水1.9万m³,汇水区域内无内涝现象发生,无外排现象产生,充分发挥了雨洪调蓄枢纽功能(图4-139)。

(2)水质控制效果

中心绿廊一期通过"以用代换"用水模式,从水体直接抽水用于绿地灌溉,通过用水—补水实现水体流动和有机更新。绿廊运行五年来,效果良好,整体水质达到地表水Ⅲ类标准,感官良好,无异味、无蚊蝇滋生(表4-36)。

中心绿廊一期水质监测数据　　　　　　表4-36

指标 点位	DO (mg/L)	浊度 (NTU)	总氮 (mg/L)	氨氮 (mg/L)	COD$_{Mn}$ (mg/L)	总磷 (mg/L)	PO$_4^{3-}$ (mg/L)	叶绿素 a(ug/L)	藻类丰度 (个/L)
B1	12.40	19.9	0.038	0.340	4.24	0.019	0.001	0.237	1987261
A1	13.34	6.8	0.004	0.394	2.96	0.012	0.001	0.4092	687898
A2	15.90	6.93	0.021	0256	2.64	0.013	0.001	1.0894	3821655
A3	4.55	22.6	0.034	0.327	1.36	0.016	0.002		

（3）实景效果

见图4-140~图4-142。

图4-140　市民运动休闲氧吧

图4-141 自然郊野的公园景观

图4-142 中央水景

第5章　沣西新城海绵城市试点建设成效

2019年4月，依据《第一批海绵城市试点绩效评价指标》考核要求，沣西新城顺利通过国家考核验收。沣西新城管委会对过去多年海绵城市建设工作进行了全面回顾总结，从水生态、水环境、水资源、水安全四方面对建设成效进行了详细评估。主要指标评估结果如表5-1所示。

试点区域海绵城市主要指标完成情况　　　　表5-1

分类指标	内容	具体要求	完成情况
水生态指标	年径流总量控制率	试点区域年径流总量控制率达到85%	经监测及模型评估，试点区现状年径流总量控制率达到87.46%
	岸线生态恢复	在不影响防洪安全的前提下，将适宜改造的"三面光"岸线基本改造完成，恢复其生态功能	达标
	地下水埋深变化	年均地下水潜水位保持稳定，或下降趋势得到明显遏制，平均降幅低于历史同期	根据监测结果，2016~2017年试点区地下水平均埋深较2013~2015年平均回升3.43m
	天然水域面积保持程度	试点区域内的河湖、湿地、塘洼面积不减少	达标。试点建设期间无侵占水体开发建设行为，水域面积保持良好
水环境指标	地表水体水质达标率	渭河咸阳公路桥至沣河入口，水质目标为Ⅳ类；沣河西安市农业及排污控制区，由秦渡镇至入渭口，水质目标执行Ⅳ类标准。新河水质不得劣于海绵城市建设前的水质，且不得出现黑臭现象	达标
	面源污染控制指标	试点区域TSS总量消减率达到60%以上	经模型评估，试点区域TSS负荷消减率为81.14%
水资源指标	雨水资源利用率	雨水资源回用比例达10%~15%	雨水资源利用率达12.64%
	污水再生利用率	污水再生利用率达到30%	达标
水安全指标	内涝防治标准	易涝点消除，排水防涝能力达到国家标准要求	经模型模拟评估及现场监测，试点区域10处历史易涝积涝点在管网设计重现期下无积水现象，在内涝防治重现期下不产生内涝
	防洪标准	渭河、沣河100年一遇设防，新河50年一遇设防	达标
	防洪堤达标率	城市防洪堤达到国家标准要求	达标

通过几年来的海绵城市建设，沣西新城示范区的海绵效益日益彰显，城市排水防涝能力得到显著增强，城市承载力不断提升，不仅实现了"小雨不积水、大雨不内涝、水体不黑臭、热岛有缓解"的海绵城市建设目标，人居及出行环境也得到显著提升，实现了"路平、水通、灯亮、景美、水清"的民生目标，让广大老百姓充分体验到了海绵城市带来的诸多好处。

5.1 优化了城市生态格局

得益于前瞻的城市设计，沣西新城结合区域地理、人文、自然资源禀赋，遵循自然山水格局划分功能板块，严控城市发展规模，依托渭河、沣河沿河景观带、中心绿廊、环形公园、城市绿楔、社区公园和道路林带，打造"廊、环、楔、园、带"绿地嵌套交错格局，建设大尺度绿色空间，最大限度地保护原有水生态敏感区，通过场地塑造、调整竖向地形确保水流有组织流向绿地、公园、水系，保障城市排涝及生态安全，以"大开""大合""理水"重笔描绘绿色空间，营造出层次清晰、架构分明的开放空间，奠定了海绵城市建设的基本架构和生态基底。"大开"，以渭河、沣河、新河及沙河古河道为骨干，构建四条河流生态景观带，以自然保护区、林地、大遗址为基本要素，形成开敞疏朗的空间格局。"大合"，在大面积绿地和现代农业绿色基底中划定三分之一的城建区，限定城镇发展边界，合理匹配生态用地，处理好当下与长远的关系。"理水"，启动渭河、沣河、新河等水系治理，沿线建设景观廊道、湿地公园，延伸城市绿线。打造大西安中央公园等大尺度核心绿色枢纽，落实水系连通、水污染防治及生态修复等重大工程，实现区域雨洪管理，合理利用雨水、再生水，涵养水源，恢复自然水循环。发挥山水林田湖草的生态环境优势，彰显"水系为韵，花木为媒"的新城特色，全域增绿，形成"城在绿中、园在城中、城绿交融"的绿地公园体系，实现"150m见绿，300m见园"，人均公园绿地面积超过15m²/人（图5-1）。

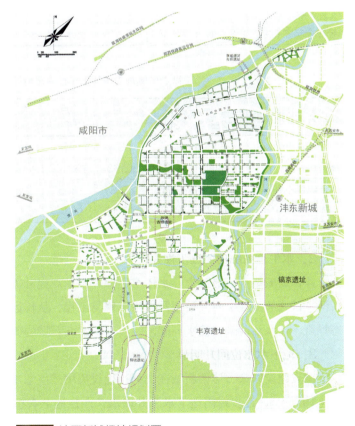

图5-1 沣西新城绿地规划图

5.2 改善了城市人水关系

5.2.1 水生态有效恢复

1. 年径流总量控制效果明显

沣西新城通过试点项目实施落地及规划建设管控程序的贯彻执行，有效保障了试点区域近、远期年径流总量控制率达标。从长期的降雨监测数据中，选取2017年3月12日、5月12日、8月20日、9月9日、9月16日、9月26日、10月3日和10月11日8场单场次降雨以及2017年全年长序列降雨，经科学模拟，试点区域现状年径流总量控制率达87.46%，规划年年径流总量控制率达到92.02%，远超于部委考核指标（表5-2、表5-3、图5-2、图5-3）。

试点区域现状年径流总量控制率模拟结果　　表5-2

降雨日期	3月12日	5月3日	8月20日	9月9日	9月16日	9月26日	10月3日	10月11日	2017全年
降雨量（mm）	38.6	22.8	13.4	16	11.4	33	54.2	23.6	605.2
降雨总体积（m³）	868886	513228	301634	360160	256614	742830	1220042	531236	13623052
出流量（m³）	127235	75040	38678	48617	33464	109789	190468	79880	1708648
径流控制率（%）	85.36	85.38	87.18	86.50	86.96	85.22	84.39	84.96	87.46

试点区域规划条件下年径流总量控制率模拟结果　　表5-3

降雨日期	3月12日	5月3日	8月20日	9月9日	9月16日	9月26日	10月3日	10月11日	2017全年
降雨量（mm）	38.6	22.8	13.4	16	11.4	33	54.2	23.6	605.2
降雨总体积（m³）	868886	513228	301634	360160	256614	810360	1220042	531236	13623052
出流量（m³）	71411	42645	23681	28557	19556	65659	116136	47853	1087117
径流控制率（%）	91.78	91.69	92.15	92.07	92.38	91.16	90.48	90.99	92.02

2. 水生态系统功能逐步恢复

沣西新城结合河道治理、水体水质保障及景观提升等工程建设要求，重点开展渭河、沣河及新河（沣西新城段）滩面治理及水生态修复工程，从长远角度有效改善河道水环境质量及驳岸生态景观，让水活起来，使水灵起来，实现了水润新城的美好景象（图5-4~图5-6）。

3. 地下水水位回升明显

试点建设以来，沣西新城在渭河边建设集中式应急水厂，建成后将服务于区内70%以上的用户（10万人），逐步封闭地下水源井取水，严控地下水超采；同时新建中心绿廊、新渭沙湿地等大型海绵雨水设施，有效增加降雨入渗，涵养水源，回补地下水。随着海绵城市试点建设的全域

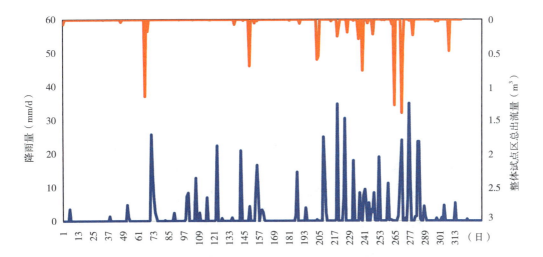

图5-2 试点区域2017年现状降雨及径流过程图

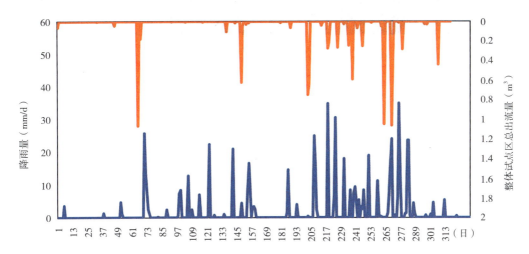

图5-3 试点区域规划年现状降雨及径流过程图

图5-4 渭河

图5-5 新河水生态修复

图5-6 沣河

化推广，新城地下水位下降趋势得到有效缓解。沣西新城在试点区域内分散布设了12处代表性地下水水位监测点（另设3眼地下水浅水监测井作为背景监测点）评价海绵城市建设对地下水水位带来的影响，具体位置如图5-7所示。

2016年和2017年地下水月均埋深变化如图5-8、图5-9所示，试点区域2013~2017年3处背景点地下水年均埋深见表5-4。

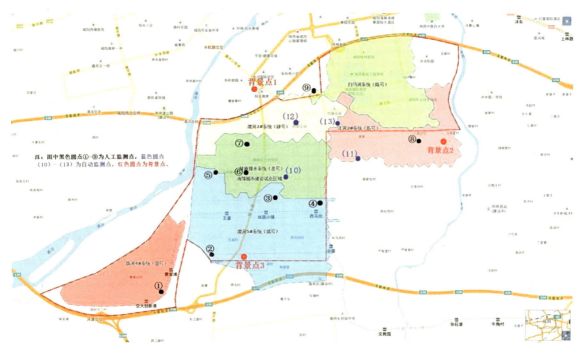

图5-7 试点区域内地下水水位监测点分布图

图5-8 2016年试点区域地下水埋深月均值变化情况图

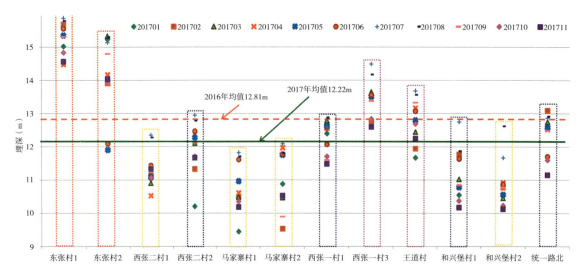

图5-9 2017年试点区域地下水位埋深月均值变化情况图

试点区域3处背景监测点2013~2017年地下水位年均埋深值　　　　表5-4

年份	水位（m） 背景点1	背景点2	背景点3
2013	19.10	19.00	12.89
2014	17.84	17.82	13.05
2015	17.50	17.81	13.06
2016	15.00	15.04	11.74
2017	14.52	14.71	11.09

监测数据表明：2016年地下水位平均埋深为12.83m，2017年地下水位平均埋深为12.22m，较2016年回升0.61m。2017年试点区域地下水年均埋深较海绵城市建设前（2013~2015年）平均埋深回升3.43m。试点三年建设期间地下水水位无下降趋势（季节性变幅除外），且较历史同期提升明显。

4．水域面积总体有增无减

沣西新城一方面划定生态红线，将渭河、沣河、新河等河流保护区，丰京遗址、兆伦铸币遗址、沙河古桥遗址，永久基本农田保护区及组团交通隔离绿廊等列入规划禁建区，将天然水域面积保护列入河湖水系保护、蓝线管理办法等相关法规管控体系中，有效防止现有河湖水系、塘洼等天然水域被侵占，同时实施渭河、沣河滩面修复及新河流域综合治理工程，大规模恢复已因城市开发被侵占河道、湿地及滩涂，实现渭河水域面积较2015年试点前增加约25.4%，沣河水域增加约22.7%，新河水域增加约5.7%。另一方面，结合新城海绵城市多层次城市开放空间构建需求，打造了中心绿廊、新渭沙湿地、创新港绿楔等一批高品质的水生态类项目，在满足新城洪涝风险应对、生态景观提升的前提下合理增加人工水域面积约17.023hm², 有效提升了城市人居环境质量(表5-5、表5-6, 图5-10~图5-14)。

西咸新区海绵城市试点区水域面积遥感解译统计表　　　　表5-5

水域名称	试点建设前水域面积(m²)		试点建设中水域面积(m²)		试点建设末水域面积(m²)	
	2015.05	2015.10	2016.06	2016.11	2017.05	2017.10
渭河	2875874	2683197	3534741	2699496	2729109	3607642
新河	30915	29424	38619	32390	24752	32664
沣河	287908	258514	274402	216649	218720	332658
合计	3194697	2971135	3847762	2948535	2972581	3972964

西咸新区沣西新城人工水域建设情况表　　　　表5-6

编号	人工水域名称	水域面积(hm²)
1	新渭沙湿地公园一期项目水域	8.0
2	新渭沙湿地公园二期项目水域	2.063
3	中心绿廊一期项目水域	2.9
4	中心绿廊二期项目水域	0.62
5	交大创新港一期项目水域	3.44
	合计	17.023

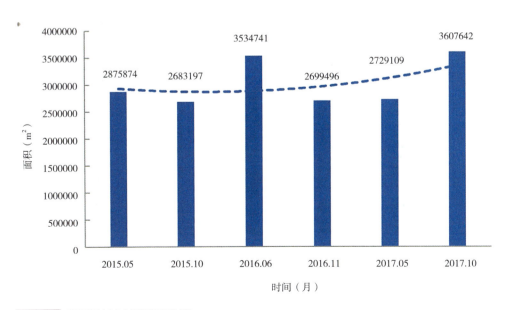

图5-10　渭河天然水域面积变化图

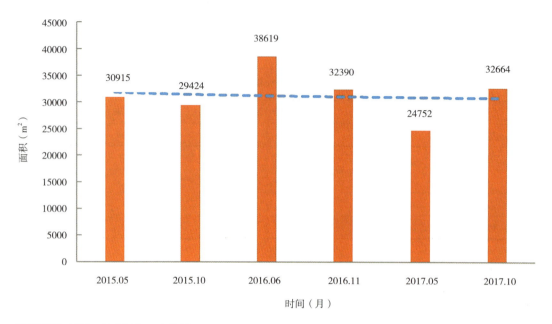

图5-11 新河天然水域面积变化图

图5-12 沣河天然水域面积变化图

图5-13 新渭沙生态湿地

图5-14 中心绿廊水域

5.2.2 水环境有效改善

1. 水系水质情况改善明显

试点期间，渭河、沣河（试点区域段）水质基本稳定在《地表水环境质量标准》GB 3838—2002中的Ⅳ类标准，TN、TP、CODCr等指标较试点前有不同程度降低，且下游断面水质不劣于甚至优于来水（图5-15）。

试点区过境河流中，新河水质污染较为严重。沣西新城按新河最不利水质监测数据及最大雨季流量作为新河水质处理的进水设计指标，在辖区流经断面设置滤墙、厌氧生物滤池、曝气

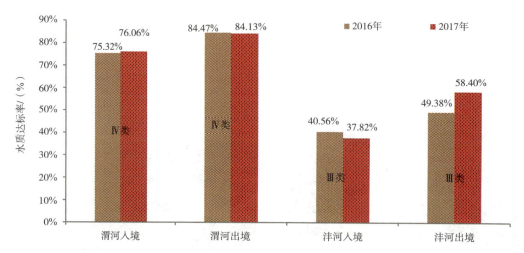

图5-15 试点区域渭河、沣河地表水水质达标率情况

生物滤池、生物接触氧化池、人工湿地等一系列水质处理工程，保障新河试点段水质全面达标（图5-16~图5-18）。

2．雨污混接现象得到全面整改

沣西新城试点区域内雨污分流比例达100%，雨污混接现象得到完全整改。经监测模拟分析，试点区域面源污染削减程度良好，现状年（2018年）TSS负荷削减率为81.14%，规划年TSS负荷削减率为86.89%。

图5-16 沣河水环境

图5-17 渭河滩面

图5-18 新河生态治理

5.2.3 水资源有效利用

沣西新城将雨水资源化利用做到了近期有重点远期有规划、有管控。

1. 雨水资源化利用

试点区域已实施雨水回用的建筑小区项目合计13处，雨水回用设施规模3063m³，2016~2017年年均雨水回用量约14995.09m³，主要用于小区绿化浇灌和邻近道路浇洒；水体景观类项目2处，雨水调蓄容积34675m³，2016~2017年年均雨水回用量约149359m³，主要用于景观水体回补及邻近绿地浇洒。总体折合年雨水资源化利用率约12.64%，满足试点指标要求。

2. 再生水规划利用途径合理有效

沣西新城将渭河、沣河污水处理厂建设作为重点项目以PPP打包推进实施，与PPP公司签订再生水回购合约。污水集中处理设施建成后，再生水资源充分回用于道路及市政绿地浇洒、湿地生态景观补水等，近期（2020年）再生水供应可达2.5万m³/d。远期，随着城市建成区不断扩大，污水处理规模和再生水产量进一步提升，充分用于河道补水、景观水体、绿地灌溉等方面，再生利用率可达100%（图5-19）。

图5-19 试点区域雨水及再生水资源化利用总体平面分布图

5.2.4 水安全不断提高

试点区域从城市防洪安全、内涝风险防控出发，着力构建了水安全保障体系。

1. 防洪安全达到国家标准要求

沣西新城根据国家规范确定渭河、沣河、新河沣西新城段防洪标准分别为：100年一遇、100年一遇、50年一遇，并按相关国家标准开展了渭河、沣河及新河防洪治理工程建设。目前，渭河、沣河（沣西新城段）堤防工程已全部完工，新河（沣西新城段）堤防工程已接近尾声。项目建成扩大了行洪空间，从根本上解决了河道沿线滥采砂石、毁坏河堤和破坏耕地等问题，对保障辖区

图5-20 渭河防洪工程

人民生命财产安全和社会经济稳定发挥了重要作用（图5-20）。

2. 试点区积涝点基本消除，排水防涝能力显著提升

试点区通过源头低影响开发建设、排水管网提标与连通、市政管网及泵站建设、中心绿廊雨洪调蓄枢纽建设等系统工程的落地，在2年一遇以下降雨下，10处历史易涝积涝点无积水产生。经实际监测及模型模拟论证，区域排水防涝能力明显提升（图5-21~图5-23）。

图5-21 试点区域易涝积水点（永平路与同文路交叉口西南）整治前后对比图

图5-22 试点区域易涝积水点（秦皇大道）整治前后对比图

图5-23 试点区域易涝积水点（统一路）整治前后对比图

5.3 提升了城市人居环境质量

随着新城的海绵城市建设带来的生态蝶变，其城市品位逐步提升，让老百姓有了更多的幸福感、获得感，安全感。300万m^2小区（园区）、80km道路、近200万m^2公园的海绵化建设及改造，不仅实现"小雨不积水、大雨不内涝、水体不黑臭、热岛有缓解"的海绵目标，人居及出行环境也得到了显著提升。中心绿廊、新渭沙湿地、环形公园等项目建设在发挥区域雨洪枢纽功能同时，大幅增加了城市居民休闲游憩空间，让广大老百姓充分体验到海绵城市建设带来的诸多好处，营造出全社会支持、参与海绵城市建设的良好氛围（图5-24~图5-27）。

图5-24 中心绿廊成为周边市民运动休闲好去处

图5-25 沣西新城安居工程环境

图5-26 沣西新城第一学校"海绵型广场"

图5-27 沣西新城被联合国教科文组织评为全球生态水文示范点

5.4 推动了海绵产业培育转化

按照"围绕产业链部署创新链,围绕创新链培育产业链"的总体思路,沣西新城积极探索海绵技术研究成果产业化,在海绵城市透水材料、生物滞留标准介质、建筑垃圾资源化等多个领域进行研究成果产业化探索。用科学指导城市建设、用创新驱动技术革新、用引导培育后备力量已成为沣西新城推进海绵城市建设工作的核心要义。

为了快速形成海绵产业营运的专业化、特色化、标准化,陕西省西咸新区沣西新城管委会出台了《陕西省西咸新区沣西新城关于促进海绵城市建设发展的若干政策》,重点扶持从事海绵城市建设研究、规划设计、专业咨询、产品研发、数据分析等领域企业,给予10%~20%的企业所得税减免和10~300万的奖励资金,扶持引入本土企业向海绵城市建设行业转型、拓展业务。沣西新城通过专业培养和技术带动,催生了原点建材、建新环保、陕西雨博汇实业等一批新型技术和环保材料企业,同时培养出一批传统企业向海绵产业转型升级的本土企业。

辖区企业陕西意景园林股份有限公司、河南交通建设西安分公司就是在新城直接影响下成长起来的具鲜明特色的集海绵城市规划设计、施工技术研发、园林绿化、后期维护为一体的行业公司,目前在海绵城市领域形成了一定的影响力,并逐步涉足海绵PPP项目。同时在新区大众创业、万众创新的政策带动下,一批像格润沣创环保生态有限公司这样以低影响开发设计施工为主的创新型企业在新城注册成立。

随着海绵城市建设的深入推进,产城融合趋势更为明显,沣西新城立足海绵产业发展的大好机遇,整合规划、设计、融资、工程建设、运营维护等上下游产业,探索PPP项目新模式,朝着打造完整海绵城市产业链不断进取;在打造中国西部科技创新港、西安硬科技小镇、丝路创新谷等重大重点项目时,以海绵城市规划设计方法进行建设,未来将带动旅游、商贸、体育等相关产业的发展;打造大西安中央公园,将海绵建设与文化和旅游深度融合,通过新渭沙湿地公园等各类治水项目的成功建设,形成旅游景点或科普教育基地,让游客见证污水生态变清的过程,形成互动,让游客旅游休闲的同时能直观地感受和见证海绵文化、海绵原理;同时以"蓝绿交织、清新明亮、水城共融"的生态景观提升周边地块经济价值,促进城市绿色发展。

第6章 沣西新城海绵城市建设的思考与启示

建设海绵城市是党中央、国务院推进生态文明建设、倡导绿色发展的重大举措，是落实生态文明建设的实际行动，是落实民生关切问题的重要抓手。不同于传统的城市建设，海绵城市建设是以最小化牺牲城市生态资源来实现城市健康持续发展的建设方式，其建设理念、建设目标、建设路径与传统城市建设也不尽相同。由此，在海绵城市建设过程中，如何打破传统思维，创新发展理念，树立生态意识，增强系统思维是当前城市建设管理者面临的重要考验。西咸新区沣西新城在海绵城市试点建设中，遇到了不少问题，走了一些弯路，通过思考和总结，获得了宝贵的经验，这些经验可为正在开展和即将开展海绵城市建设的城市新区提供有益参考。

6.1 超前谋划，科学设计，彰显城市新区海绵城市建设特色

6.1.1 评估新区资源，将城市新区的建设发展控制到合理规模

资源环境承载力是指在一定时期和一定区域范围内，在维持区域资源结构符合可持续发展需要，区域环境功能仍具有维持其稳态效应能力的条件下，区域资源环境系统所能承受人类各种社会经济活动的能力。资源环境承载力作为连接资源环境要素与社会经济发展之间的桥梁，反映了在一定时空背景下区域资源环境要素可容纳的最大的社会经济发展水平。资源环境承载力评估的目的是为建设用地供给的空间配置和社会生产力的布局提供科学依据。

城市新区建设比传统城市的建设具有优势，其可以在建设之初依托区域发展目标、功能区划从土地资源承载力、水资源承载力、生态环境承载力、灾害风险（洪涝、干旱等）等不同维度对城市未来发展情景与资源环境压力进行耦合分析，科学界定城市规模，限定城市边界，保证城市发展速度与资源环境承载力相适应。

同时，城市新区建设需要合理控制人口规模和产业结构，按照海绵城市理念建设新区，动态调控资源环境压力，加大减排治污力度，实施非常规水资源利用政策，提高防洪排涝标准，规避洪涝灾害风险，提升城市生态环境质量与承载力。

6.1.2 发挥新区优势，实现海绵城市专项规划优先布局

海绵城市专项规划是一个全新的规划类型，是建设海绵城市的重要依据与指导方针，是城市总体规划的重要组成部分。受城市发展阶段限制，不少城市编制海绵城市专项规划的时间要晚于城市给水、雨水、污水、绿地、河湖水系等专项规划和某些功能区控制性详细规划。当海绵城市专项规划中排水和集中调蓄需求和原专项规划不一致时，就要反过来对原规划进行修编，保障规划间的协调性，这势必增加规划修编的难度和工作量。城市新区的城市规划编制相对传统城市规划来说，具有后发优势，可在借鉴其他城市规划经验的同时，将海绵城市专项规划放在总规之后，其他专项规划（主要为绿地、排水、各功能区控规等）之前进行编制，将海绵城市专项规划作为其他规划编制的重要前置条件，这样就能有效避免出现走"弯路"，走"回头路"的情况。

城市新区在海绵城市实践过程中，应对规划协调性进行考量，海绵城市控制指标纳入各层级、各方面规划容易，但海绵城市建设中的低影响开发理念、市政雨水管渠及超标暴雨蓄排系统建设、末端水体污染治理等要素要真正有效落地，则需要各专项规划及控规在"空间—竖向—建设时序"上进行协调一致。在空间上，绿地布局应尽量均匀分散来保障更多的汇水面有效汇入，绿地承担周边汇水的控制要求，不是对绿地单一地块进行较高的指标分解，而是充分发挥周边地块和道路的联动关系。城内水系格局也应在充分尊重本地区适宜水面率要求下尽可能分散均匀设置，并赋予内部排水受纳水体的功能。在竖向上，海绵城市专项规划或系统方案应结合海绵城市建设要求、防洪及水系规划，提出城市总体层面的竖向控制建议、排水分区及排水系统竖向串联结构（考虑丰枯水位变化）。排水防涝要求保障困难时，须合理调整建设用地地坪标高及地势走向。控规遵循海绵城市专项规划或系统方案给出的竖向控制建议完善道路及竖向规划。绿地规划中应赋予绿地下沉功能。在建设时序上，用于集中调蓄的公园绿地应优先建设，充分预留竖向、排口及空间条件。用于超标径流分担的红线外绿地应与市政道路规划建设保持一致，预留超标行泄通道接口。

6.1.3 注重城市设计，使城市新区建设体现海绵城市建设特色

城市设计是对城市规划体系的有益补充，可以使城市规划体系更加完善，引导城市规划后期建设。当前，我国一些城市设计往往注重的是城市空间及功能性，缺乏对城市生态可持续性等问题的考虑，城市发展中在自然环境和生态安全方面存在不少隐患。城市新区在进行城市设计时，一般具有较大的设计空间，除了注重空间形态和建筑形式外，应在充分研究区域地理、人文、资源、定位等基础上，将海绵理念融入城市设计中，使城市设计体现对城市水生态环境的保护，加强生态水文一体化的建设。同时，城市设计要利用自然山水格局划分功能板块，依托城市空间场所、绿化景观、特色风貌、建筑、设施、街道交通等要素，体现海绵城市建设特色，营造层次清晰、架构分明的开放空间和城市体系。

6.2 充分调研，因地制宜，构建西北平原地区海绵城市建设路径

6.2.1 针对湿陷性黄土地质特性，提出适宜的海绵城市建设技术路径

我国不同地区海绵城市建设路径与方法存在区别，特别是湿陷性黄土、膨胀土等特殊地质区海绵城市建设适宜性问题备受行业关注与质疑。海绵城市建设强调雨水的"渗、滞、蓄、净、用、排"技术措施与源头径流总量—峰值—污染综合管控等要求，较传统"快排"模式，增加了下垫面雨水停留时间与渗蓄总量，部分措施引导雨水中深层入渗。在湿陷性黄土、膨胀土等地质区实施时，雨水渗漏大概率引发土体结构浸水沉降或膨胀，承载力迅速衰减等可能危害建（构）筑物基础安全问题。目前，国家规范尚未就湿陷性黄土地质区海绵城市建设提出明确的技术指引，相关城市工程实践大多采用"严防死守型（全面防渗）"做法或设置"豁免清单（特殊地质区不建设）"，缺乏科学论证。

沣西新城通过国家试点建设，结合理论研究与工程实践，理性认知湿陷性黄土区海绵城市建设问题，针对湿陷性黄土地区海绵城市建设雨水渗蓄引发环境地质灾害风险等问题，提出开展湿陷性黄土地区海绵城市设计预评估的建议与方法，构建包括主动消除湿陷性、设置安全防护距离、贯穿湿陷性黄土层、防渗漏处理、强化疏排水、变形观（监）测与处置在内的系统化防控体系。

湿陷性黄土区域海绵城市建设在传统海绵城市专项设计场地分析[地形竖向、现状场地排水方式、积涝点、管网分布、绿地与建（构）筑物空间关系等]基础上，首先需开展详细勘察，明确拟建场地湿陷性黄土层埋深、厚度、湿陷系数及类型、湿陷起始压力及含水率深度变化、湿陷等级平面分布、地下水位、渗透变形与承载力参数；地上地下建（构）筑物类型与重要程度、基础形式、承载力要求、地基处理方式，根据场地分析情况，结合海绵城市建设要求（年径流总量控制率、年径流污染削减率等），分析场地竖向与下垫面，划分汇水分区，设计雨水组织，开展设施选型。

主动消除湿陷性法：对于一般浅表性海绵设施（植草沟、下凹式绿地、生物滞留设施等）不会增加下方土体荷载，采取沟槽开挖、素土夯实后铺设防渗土工膜的方式处理；对于钢筋混凝土雨水池、排水沟、溢流井、沉砂井等设施，多采用换填垫层法（3∶7灰土垫层等）处理，处理深度及范围根据下卧土层承载力确定；对于自重湿陷性场地大体量、深层混凝土雨水调蓄池（库）建设，采用换填垫层、冲击碾压、强夯、灰土挤密桩等方式组合处理，消除地基全部或部分湿陷量，或采用桩基础穿透全部湿陷层；对于湿陷性黄土层较薄（<3 m）场地，在综合考虑安全性、经济性基础上，采取一定范围整体换填方式消除设施下方基础湿陷性。

设置安全防护距离法：《湿陷性黄土地区建筑标准》GB 50025—2018中规定了不同地基湿陷等级、不同建筑类别下埋地管道、排水沟和水池与建筑物间的防护距离。实际工程中，该距离一般难以保证（市政道路侧分带及湿陷等级较高的高密度建筑小区），可采取两种方式间接防护：

一是避开临近绿地，将屋面、地面径流通过防渗型传输设施引流至开放空间远离建筑的公共绿地、红线外绿地等集中调蓄。二是在海绵设施靠近建（构）筑物侧增加防渗措施，改变雨水渗流路径及对地基场作用影响范围，缩小设施与建（构）筑物基础水平防护距离。若建设场地较大，海绵设施与建（构）筑物间满足安全防护距离，则可不采取防渗（漏）处理措施或只做有限处理。

贯穿湿陷性黄土层法：当场地湿陷性黄土层厚度较薄，海绵设施结构深度大于湿陷下限深度时，可采用贯穿法（穿透整个湿陷层）处理规避湿陷性。

防渗（漏）处理法：当湿陷性黄土层较厚，安全防护距离不足，周围建筑消除地基全部湿陷量或穿透湿陷性黄土层存在困难时，海绵设施一般采用材料防渗、结构防渗两种形式（常联合使用）进行防渗处理。材料防渗多用复合防水土工布、HDPE膜、GCL防水毯、防水水泥砂浆等；结构防渗常用防水砖墙、钢筋（素）混凝土防渗挡墙等，防渗的同时亦可加强海绵设施及邻近建（构）筑物抗变形能力。

强化疏排水法：设置优化或调整设施溢流系统，提升海绵设施放空管排水能力（管径、流量）及放空时间等方式，在兼顾径流调节、下游排水系统排水能力等因素基础上，合理缩减雨水停留时间。

同时可借助应用数值模型，分析评估选型方案对邻近建（构）筑物变形和稳定性影响。此外，基于防护体系完备性和事故隐患及时预警、"止损"考虑，在合理选用不同应对措施基础上，需结合设计预评估，对自重湿陷性场地上的重要建（构）筑物、海绵设施等增加变形观（监）测与处置，制定监测与应急处置方案，纳入湿陷性场地海绵城市建设运维全过程。

6.2.2 规避平坦地区地形劣势，创新海绵城市排水防涝体系

针对地势平坦地区原始自然地形不能有效支撑自然排水理念落地，传统排水方式存在能耗高、安全保障低下等共性问题，可综合运用"区域地形塑造+土方整理""城内水系+绿地枢纽""红线外绿地+公园绿地"等不同尺度组合排水方式系统保障区域排水防涝安全。

1."地形塑造+土方整理"创新区域生态排水

在专项规划和控规阶段，应尽可能对区域地形竖向进行深入研究，创造利于雨水排放、滞蓄及自然净化的条件。

基于末端水系洪水位，设定区域总体基础地坪标高。当区域自然地坪高于末端水系防洪标准设防高度（洪水位之上预留1~2m超高）时，区域无防洪工程需求，但也应充分预留超标准洪水的洪泛区域，在此基础上进行区域内部地形整理。当区域自然地坪低于末端水系防洪标准设防高度时，可采取防洪堤建设、抬升区域地坪标高两种方式（具体需通过技术经济比选）来防范洪水灾害。

结合土方平衡，营造"龟背式"地形。平坦地区应结合地下空间开发及局部填挖产生的土

方，尽可能营造排水距离短、泄水顺畅的"龟背式"地形，用植草沟等绿色设施替代传统雨水管道，利用城市绿道、区域外围绿地构建多尺度生态排水沟渠，营造自然排水有利条件并与末端水系连通，实现排水除涝安全。

挖塘筑基，受纳水体前端错峰调节及有限调蓄。平坦洼地在排水系统末端易受河道顶托，附近区域淹没风险大。通过土方开挖，在受纳水体前设置调节坑塘或人工湖体，可有效削减洪峰流量，维持区域开发前后峰值流量一致，降低下游排涝压力，同时置换出更多洪涝安全的建设活动区域。

系统串联，从地块到末端水体闸坝调度竖向一致。地块源头减排、雨水溢流排放，市政排水、雨水调节削峰，末端湖体调蓄，外河水位衔接，在竖向标高上需串联一致。当外河洪水位较高时，为实现内部区域重力流排水，可依靠防洪堤建设调水闸坝，在保障内部区域洪涝安全的同时增加人工湖体的亲水性。

2. "城内水系+绿地枢纽"高效置换排水排涝泵站

河谷阶地平坦地区重力流排水面临防洪堤阻挡、管线输送距离过长、管网终端埋深大、末端洪水顶托系列问题。沣西新城海绵城市建设实践证明，排水距离大于3km以上的平坦区域，利用内部既有水域或绿地空间作为排入末端水体前的次排水受纳区域的方式经济可行。其不仅能够有效减少排水管网拓扑复杂性和故障风险，减小排水距离及末端管网埋深，利于施工和运营维护，且当内部水域或绿地调蓄枢纽规模大于区域内涝防治重现期暴雨调蓄要求时，可取消普通排水排涝泵站设置，预留应急保障措施即可。此外还可营造出不同适应性的水体景观，有效利用雨水资源进行补水，提升周边建设区域生态环境价值，充分体现出"自然积存、自然渗透、自然净化"的城市尺度海绵理念。

3. "红线外绿地+公园绿地"有效分担超标径流

结合红线外绿地、分散式公园绿地规划及区域竖向规划，按照超标径流分散调蓄理念采用"红线外绿地+公园绿地"分担超标径流。雨洪调蓄型公园绿地宜设置在区域整体低点，红线外调蓄绿地宜设置在道路纵坡低点、横坡高点处；评估汇水面和径流总量，综合考虑源头削减、管道排放及调蓄，确定绿地调蓄规模；从规划定位、竖向控制、绿地及周边道路或地块的衔接入手，强化绿地空间区域联动，实现超标径流有效控制。

6.2.3 分析干旱地区缺水现状，加强城市雨洪资源综合利用

北方城市干旱少雨的气候特征造就了水资源的缺乏，合理利用城市雨洪资源环境用水需水矛盾，是提升城市水资源承载力的最有效手段。从沣西新城实践经验来看，在做城市承载力分析的城市设计之初，就要使雨洪排水系统规划面向城市水生态，充分考虑雨水资源化利用，使得城市降雨作为城区用水的一部分，以节约水资源，并应当满足城市防洪排涝要求，保障城市水生态系统的健康循环。

沣西新城雨水资源化利用目标以替代绿化、冲洗水为主，重点要求新建项目无论是工业、商

业还是居民小区，均要设计雨水利用设施。充分利用雨水资源补充水体景观（城市公园、景观湖泊、生态湿地等）、河道基流及城市绿地、道路浇洒等，实现雨水就地资源化回用。此外，不应构建完善的污水处理及回用系统，提升污水厂深度处理工艺，最大限度保障再生水水质与水量。将再生水作为景观水体、河道基流最重要的稳定补水水源，建设完善的市政中水管网系统，替代自来水充分回用于城市绿地、道路浇洒、冲厕及浇灌等，实现"雨水""再生水"等非常规水资源与"地表水、地下水"传统水资源有机融合、互为补偿。

在城市水系统方面，应从解决水源和治理污染问题入手，通过调水、引水和水网配套等水系联网工程，构筑水系的"网络"系统，让水在"网"上流动起来，建立雨水、中水、外围调水等多渠道水源体系，实现水资源之间的联合调度，调剂余缺，最大限度地挖掘水资源潜力，建立相对稳定的水量调节体系，使有限的水资源发挥出最大效益。同时解决污染问题，对水体进行生态保护。规划建立海绵蓄水体系，增加湿地，雨季时发挥蓄水纳洪功能，旱季发挥水源放水功能。

6.3 创新机制，系统推进，确保海绵城市建设工作高效落地

6.3.1 以规划为引领，构建系统化的海绵城市顶层设计

要充分发挥空间格局优势，将海绵城市建设要求融入城市规划体系，在同一空间规划平台统筹空间安排，将有序刚性配置水资源，保障水安全作为各级规划协调融合的管控依据和纽带，纵向传递，横向衔接；以总体规划为蓝图，明确海绵城市建设目标，强调蓝、绿空间和城市建设区域总体布局相协调，预留大型绿色设施用地，落地生态廊道与调蓄空间；以专项规划为载体，统筹多元水目标，分解源头指标、布局排水系统、保障超标蓄排空间，衔接污水、河流、地下水等涉水单元，反馈城市道路、绿地、水系、排水防涝、污水处理等涉水专项规划编制；以控制性详细规划落地，转化地块土地出让海绵城市管控指标，设定年径流总量控制率、TSS削减率刚性指标及下沉式绿地率、透水铺装率等引导性指标；以绿地空间衔接协调，指导项目设计与地块出让开发，"以一贯之""多规融合"。

6.3.2 创新制度体系，保障海绵城市建设高效推动

海绵城市建设在推进过程中涉及部门广、推进难度大，只有在建设工作中建立起高效的决策机制、强有效的约束机制，在制度层面建立可持续建设的保障体系，才能确保海绵城市建设工作高效落地。沣西新城在海绵城市建设的决策到实施过程中，创新工作机制，实现了决策、管理、实施三级联动，建立了海绵办、海绵城市技术中心到实施项目两级落实的高效工作机制；在海绵城市建设保障体系中，新城以保证海绵城市建设为中心，从城市立法与规划、行政许可审批、年度绩效考核、激励政策等方面不断进行制度创新，充分发挥制度设计的导向作用，确保了海绵城市建设的可持续长效推进。

6.3.3　成立专职机构，促使海绵城市建设系统开展

海绵城市建设系统性、专业性强，需要一支懂管理、有技术、能服务的专业专职力量来系统谋划，统筹推进。沣西新城在海绵城市建设之初，不仅成立了海绵办，同时还设立了专职技术管理部门海绵城市技术中心，负责新城海绵城市建设工作，包括海绵城市建设规划编制、基础研究、方案论证、技术指导、现场服务、效果评估及对外交流等，在管理到实施两层级中充分发挥统筹协调与管理服务职能，更快、更高效地传达信息和执行决策，保障了海绵城市建设统筹推进的系统性。同时，海绵城市技术中心和海绵办在海绵城市建设过程中，两位一体高效运作，实现了管理和技术服务的协调统一，统筹了各行业主管部门，优化了资源配置，避免了部门壁垒，同时还可防止出现因管理与建设单位沟通不畅而缺乏监管的问题。

6.3.4　招揽专业人才，实现海绵城市建设科学落地

对沣西新城而言，只有创新开放，主动作为才能在城市发展的大潮中突起。海绵城市涉及专业多，技术革新点突出，沣西新城秉承开放心态，先后与美国SOM公司、新加坡CPG、华高莱斯、深圳规划院、北京建筑大学、西安理工大学、微软等国内外顶尖设计团队、高校、企业通力协作，充分吸收借鉴国内外经典设计思路与手法，融合本土文化特点，注重以人为本理念，因地制宜进行不同专业之间的融合设计，确保整个项目设计过程的高效、保质、经济。

沣西新城建立了海绵城市建设专家指导委员会，吸纳海绵城市相关专业如水文水资源、材料、岩土、植物、景观、气象等研究领域的知名教授、学者共计60余人，为基础研究项目前期论证、决策咨询、阶段评估、结题验收、成果鉴定等环节提供技术指导与服务。同时定编招聘了包括市政给水排水、水土保持、景观园林、土木工程、建筑学、材料学等多学科专业人才，全程参与海绵城市建设，打造了一支本土的海绵城市建设专业队伍，保证了沣西新城海绵城市建设的科学落地。

在探索实践的同时，沣西新城注重与国内外同仁的交流合作，多次邀请专家学者来新区讲学、参观考察，热情接待各地来访人员；在全国第一个组织成立海绵城市技术联盟，召开专家研讨会，为项目建设号诊把脉；多次派遣技术人员赴镇江、嘉兴、南宁等试点城市交流学习，借鉴先进城市建设经验；参加不同层次学术交流活动，激发研究工作热情，在交流中拓展思维，迸发创新激情，提升自身技术水平。广泛而深入的技术交流，不仅给新区海绵城市建设带来了先进技术经验与合作伙伴，同时也使海绵城市建设工作的深度、广度、影响力不断提升。

6.3.5　建管合一，构建项目建设审批管控体系

沣西新城发挥制度创新驱动作用，将海绵城市建设纳入基础建设行政审批程序与项目全周期管理，在"审批内容上做加法，审批时间上做减法，管理服务上做乘法"。规划管控阶段，规划

部门将海绵城市建设指标纳入规划设计条件，作为国土部门土地出让、项目选址意见书出具前置要求；核发建设用地规划许可证时，建设单位须提交发改部门批复的含海绵城市专篇的可研报告；建设工程规划许可时，海绵城市专项方案审查作为项目总平面审批必要条件报审；施工许可时，建设管理部门将海绵城市专项施工图审查纳入施工许可证发放要求。沣西新城将海绵城市项目建设审批纳入"3450"综合行政审批效能管理体系，并联审批，将立项至施工许可发放的整个流程缩减至50天。

6.3.6 精致服务，创新项目落地服务推动机制

沣西新城发挥"复合型管家"职能，设计阶段对海绵城市设计专项方案与施工图审查"双把关"，注重规划指标与雨水组织设计可达性，强化模型评估方案比选；建设阶段，建立"一交到底"的交底制度和全过程巡查、抽查机制，月度评比通报，将结果作为财政资金支付的重要参考；施工验收阶段，将海绵专项作为整体验收前置条件，注重隐蔽工程达标性，海绵专项不合格，整体验收不通过；设施运维阶段，强化技术指导，借助信息化监测平台，编码化管理海绵设施，建立"健康档案"，定期抽检设施运维，动态录入数据库，支撑海绵设施长效运行。

6.4 生态立本，绿色创新，推动城市发展方式转变

党的十九大报告指出，我们要建设的现代化是人与自然和谐共生的现代化，既要创造更多物质财富和精神财富以满足人民日益增长的美好生活需要，也要提供更多优质生态产品以满足人民日益增长的优美生态环境需要。正确树立绿水青山就是金山银山的理念，是实现可持续发展的内在要求，也是推动现代化建设的重大原则。通过试点建设，沣西新城深刻认识到建设海绵城市是践行习近平生态文明思想的生动实践，是建设新型城镇化的有力抓手。必须坚持习近平生态文明思想，走生态优先、绿色发展的总路子，尊重自然、顺应自然、保护自然，注重战略留白与生态本底保护。要坚持"一盘棋"思维，全域视角做好顶层设计，强化规划管控引导，注重发挥大尺度蓝绿空间关键枢纽作用，注重项目全周期精细化建管运维，持续创新改善治理方式与手段，提升建设品质，发挥系统综合效应。沣西新城的执政者将生态文明与环境保护摆正为政施策的首位，将海绵城市建设作为推进绿色发展的重要手段，内化为决策自觉行为。

6.4.1 强化生态保育修复，再现城市绿水青山

实践证明，生态修复工程是恢复绿水青山、增强生态产品生产能力的积极手段。党的十九大将生态文明建设提升至国家战略层面。城市新区建设必须树立"绿水青山也是金山银山"的意识，设定生态目标，要以自然为美，把好山好水好风光融入城市，使城市内部的水系、绿地，与城市外部的河流、森林、耕地形成完整的生态网络；要结合新区生态要素解析，确定区域生态格

局和重要生态敏感区，并通过对历年来生态环境演变情况分析，确定保育区与修复区，分别制定修复策略和措施；要以生态立本，通过系统性的生态修复工程建设，最终建立起人与自然环境和谐共生的生态城市新格局和新形态。

6.4.2 统筹三大基本空间，重塑绿色生态价值

城市新区建设要统筹土地利用、环境保护等专项规划，科学划定生态保护红线、永久基本农田、城镇开发边界三条控制线，实现多规合一，确保"一张蓝图干到底"，要通过科学管控，统筹城市生产、生活、生态三大空间。城市新区建设要注重把握环境保护与经济发展关系，把生态环境优势转化为发展优势，充分挖掘环境生态价值。例如，以城市水源保护区、水源涵养区、湿地及自然保护区、风景区等为主要生态源，通过生态要素叠加分析，构建点、线、面相结合的城市生态空间结构，可形成对城市绿色生态空间和水资源的有效保护；通过创新"生态+"模式，如生态海绵+旅游+历史文化、生态+美丽乡村建设、生态+地块商业开发等，构建蓝绿交织、清新明亮、水城共融的生态城市，实现区域地块价值提升，以商业价值开发体系反哺生态保护，可达到经济、社会、生态多重效益，从而重塑新区蓝绿空间，唤醒绿色生态价值。

6.4.3 改善城市生活环境，打造宜居宜业乐园

城市新区建设要优化城市形态，实现城市由"摊大饼"式的无序蔓延到土地集约利用的"精明增长"；要大力推广零碳智能、绿色交通，推动城市中私人交通主导向公共交通主导转变，减少城市中碳排放量，改善城市环境；要大力推广清洁能源，构建以地下深层、浅层地热能为主导，太阳能、风能为补充，新风系统、储能技术、毛细管辐射生态空调技术集成应用为特色，智能电网为保障，互联网技术为支撑的多能互补、集成优化、绿色能源互联网体系，减少CO_2排放，推动城市治污减霾；要把城市新区的水环境改善和绿色生态摆在建设发展的优先位置，以海绵城市理念为指导开展城市建设，形成经济社会和生态环境相协调的生产空间、生活空间格局，努力构建建设天蓝、地绿、水清的生产生活环境，为老百姓打造宜居宜业乐园。

后记 / Afterword

西咸新区沣西新城，秦岭渭塬两望，沣渭两水交织，定位未来西安国际化大都市综合服务副中心和战略性新兴产业基地，着力打造承接关天、充满活力的现代开放之城，带动辐射功能强的创新产业之城。

沣西新城属暖温带半干旱半湿润大陆性季风气候区，在大气环流和地形综合作用下，夏季炎热多雨，降水多以暴雨形式出现，易造成洪、涝和水土流失等自然灾害，冬季寒冷干燥，四季干、湿、冷、暖分明。整体地势平缓，随城市开发，径流系数激增，径流量增大，且雨水径流污染风险激增，主要水系水质较差、局部断流。

2015年，国家启动海绵城市试点选拔，西咸新区顺利申报成为全国首批16个海绵城市试点城市之一，沣西新城作为试点建设核心区，全面启动试点建设工作。试点以来，夙兴夜寐，沣西新城坚持规划先行，将海绵城市规划融入城市空间规划，构建全域海绵城市建设系统架构，全力推动新城海绵城市建设。试点建设期间，沣西新城构建了从规划编制、项目立项、规划审批、设计审查、专项验收、运营维护到监督考核的全流程建设管控体系，累计推广海绵城市建设面积超1200万平方米。同时总结提炼试点建设经验，形成模式总结，为陕西省乃至西北地区提供了一套可复制可推广的建设经验。

本书从沣西新城海绵城市建设初心启文，分析西咸新区及沣西新城区位现状及涉水问题；从城市基础条件与本底分析入手后对城市问题进行梳理，进而引出海绵城市建设目标及具体思路，确定系统实施方案、规划试点区域建设；从组织保障、技术体系、绿色金融、智慧监测、协同创新等全面总结沣西新城海绵城市建设推进策略；以秦皇大道、康定和园等典型案例为示范，展示沣西新城在优化城市生态格局、改善城市人水关系、改善城市人居质量、推动产业培育转化等方面的海绵城市建设实际成效，同时深入剖析并凝练阐述了沣西新城试点建设的思考与启示。

作为首批国家海绵城市试点城市，沣西新城始终坚持绿色发展，把海绵城市建设作为创新城市发展重要抓手，打造了一批高品质精品工程，建立了一套适宜本地特点的技术标准规范，储备了一批成熟的技术和管理人才，探索了一批新模式、新路径，形成了可复制、可推广的成功经验。希望借此书出版，能够为其他城市新区提供建设经验，为国家海绵城市示范城市建设、海绵城市全域推广提供沣西方案，贡献沣西智慧。

  本书的编著，得到了长期以来支持、关注西咸新区沣西新城海绵城市建设的社会各界人士的帮助，在探索与实践的各个阶段，大家以强烈的政治责任感和使命感，主动谋划、创新实践、尽职尽责，做出了积极的努力与付出。在这里，特别感谢北京建筑大学车伍先生、西安理工大学李怀恩先生、深圳市城市规划设计研究院俞露女士、西安建筑科技大学刘晖女士长期以来对沣西新城海绵城市建设的指导与关注。感谢西安理工大学李家科先生、侯精明先生、蒋春博先生；长安大学沙爱民先生、蒋玮先生、郑木莲女士、胡志平先生、杨利伟先生；北京雨人润科生态技术有限责任公司赵杨先生、闫攀先生对沣西新城海绵城市建设的支持。感谢河南省交通建设工程有限公司、安徽水利开发有限公司、中铁广州局市政环保公司、西安建筑科技大学设计研究院、中国市政工程华北设计研究总院有限公司、镇江市规划设计研究院等单位对沣西新城海绵城市建设的支持。感谢西咸新区的梁东先生、俞波睿先生、曾志勇先生、李宇超先生、尚海峰先生、秦继红先生、张桂林先生、葛尚义先生、高松先生、史永维先生、王龙女士、侯方锐先生、陈炯先生、翟娟女士、樊昳杉女士、张俊亚先生、王磊先生、赵新娟女士、张艳女士、王绐先生、马果先生、王振席先生、熊昉先生、孙浩女士、张中璇先生、胡鹏博先生、吴静璇女士、刘晋文先生、袁彬女士、张钊先生、刘文涛先生、吴珂嘉先生、韩拙先生、殷剑先生、郑晨女士、刘建明先生、胡颖女士、周瑞杰先生、刘永孝先生、文娇女士、汪桂桢女士、郑清杰女士、赵思宇女士、闫靖靖女士、徐诚先生、刘飞涛先生在本书编制过程中给与的帮助。

  限于时间仓促，虽经多次审校，书中错误之处、未尽之言在所难免，敬请广大读者不吝指正，在此谨表谢忱。

附录 相关技术规范

1. 海绵城市低影响开发雨水工程施工与验收规范

2. 海绵城市低影响开发雨水系统技术规范

3. 海绵城市绿地生物滞留设施渗滤介质施工技术规范